1. Rebblatt mit Plasmopara. 2. Getreiderost: a) Gelbrost, Puccinia glumarum, b) Braunrost, Puccinia dispersa. 3. Gitterrost auf Birnblättern: a) Aecidien, b) Spermogonien. 4. Rotpustelkrankheit (Nectria cinnabarina). Conidienpolster.

Sammlung Göschen

Pflanzenkrankheiten

Von

Dr. Werner Friedrich Bruck
in Gießen

Mit einer farbigen Tafel
und 45 Abbildungen im Text

Leipzig
G. J. Göschen'sche Verlagshandlung
1907

Spamersche Buchdruckerei in Leipzig-R.

Inhalt.

Literaturverzeichnis.

P. Sorauer, Handbuch der Pflanzenkrankheiten. 3. Aufl. Im Erscheinen.

A. B. Frank, Krankheiten der Pflanzen. Handbuch. 2. Aufl. 1895/96.

R. Hartig, Lehrbuch der Pflanzenkrankheiten. 1900.

O. Kirchner, Krankheiten und Beschädigungen unserer landwirtschaftlichen Kulturpflanzen. 2. Aufl. 1906.

Kirchner & Boltshauser, Atlas der Krankheiten und Beschädigungen unserer landwirtschaftlichen Kulturpflanzen. Bis 1902.

C. von Tubeuf, Pflanzenkrankheiten durch kryptogame Parasiten verursacht. 1895.

E. Küster, Pathologische Pflanzenanatomie. 1903.

Sorauer-Rörig, Pflanzenschutz. 1904.

R. Heß, Der Forstschutz. 4. Aufl. 1905.

O. Appel, Mikroskopische Beispiele der Pflanzenkrankheiten. 1905.

Hollrung, Handbuch der chemischen Mittel gegen Pflanzenkrankheiten. 1898.

Zeitschrift für Pflanzenkrankheiten (herausg. von Sorauer).

Naturw. Zeitschrift für Land- und Forstwirtschaft (herausg. von v. Tubeuf).

Arbeiten aus der Kaiserl. Biolog. Anstalt für Land- und Forstwirtschaft.

Flugblätter der Kaiserl. Biolog. Anstalt für Land- und Forstwirtschaft.

Jahresbericht über Neuerungen und Leistungen auf dem Gebiete der Pflanzenkrankheiten (herausg. von Hollrung).

I. Einleitung.

Die Lehre von den Pflanzenkrankheiten ist eine junge Wissenschaft. Ihr Entwicklungsgang steht in engem Zusammenhange mit dem Emporkommen der allgemeinen Botanik (Anatomie und Physiologie) und der Kryptogamenkunde. Bevor diese beiden Richtungen, welche die Grundlagen des Studiums der meisten pathologischen Erscheinungen der Pflanzenwelt bilden, nicht genügend ausgebaut waren, konnte an eine wissenschaftliche Erforschung derselben nicht herangegangen werden. Noch in der ersten Hälfte des vorigen Jahrhunderts stand die Kenntnis der genannten Mutterdisziplinen auf einer verhältnismäßig niedrigen Stufe. Untersuchen wir, was man um jene Zeit von den Krankheiten der Gewächse wußte!

Dem Praktiker — dem Landwirt, dem Gärtner oder dem Forstmann — waren schon längst eine Reihe krankhafter Erscheinungen bekannt, die dem Einfluß elementarer Ereignisse oder „tierischer" Schädlinge zugeschrieben wurden. Diese Kenntnisse gehen weit zurück. Insoweit wir von der Art des Pflanzenbaues bei den Völkern des Altertums Überlieferungen besitzen, liegen uns auch bereits Beschreibungen von Pflanzenschädigungen und Bekämpfungsversuchen vor. Die Bibel, — die Schriftsteller der Griechen und Römer, u. a. Aristoteles, Theophrast und Plinius berichten über verschiedene Krankheiten landwirtschaftlicher Kulturgewächse. Auch im Mittelalter, ebenso späterhin im Zeitalter der Renaissance überwiegt das Interesse an Fragen rein praktischer Natur. Zur Erkennung der Krankheitsursachen fehlen aber immer noch die notwendigen Grundlagen. Auch noch im achtzehnten und zu Beginn des neunzehnten Jahrhunderts wurden die bestehenden Kenntnisse wenig erweitert. Aus dieser Zeit finden wir immerhin einige systematische Sammlungen und Zusammenstellungen von Pflanzenkrankheiten (Lehr- und Handbücher) — mit unzureichenden Erklärungen —, die aber zumeist für den Praktiker bestimmt waren. — Es fehlt auch nicht an Versuchen, die Krankheiten der Gewächse mit denen der menschlichen Krankheiten zu vergleichen.

Die Erscheinungen indessen, die wir heute als Infektionskrankheiten bezeichnen (Beschädigungen des pflanzlichen Organismus, welche durch mikroskopisch kleine Organismen, z. B. Pilze oder Bakterien, „erregt" werden), konnten in einer Zeit unmöglich aufgeklärt werden, in der man noch an eine „Urzeugung" dieser winzigen Lebewesen glaubte oder in der man die heute bekannten Erreger als Faulstellen oder abgestorbene Partien der erkrankten Pflanzen auffaßte.

Die weitere Entwicklung unseres Zweiges in der ersten Hälfte des neunzehnten Jahrhunderts verdient insbesondere unsere Aufmerksamkeit. Wie in jeder Wissenschaft gewisse Strömungen abwechselnd im Vordergrunde des Interesses stehen, so erging es auch der Lehre von den Pflanzenkrankheiten. Es kam eine Zeit, in der man die Rolle, die man den lebenden Feinden der Gewächse zuwies, stetig zurückdrängte; sie hängt mit dem Emporblühen der Chemie zusammen. War es doch selbst ein Justus von Liebig, der Begründer der Agrikulturchemie, welcher den entscheidenden Einfluß bei Erkrankungen pflanzlicher Organismen lediglich in ungünstigen physikalischen und chemischen Verhältnissen des Bodens zu suchen glaubte! Seinem mächtigen Einfluß und dem seiner Schule ist es zuzuschreiben, daß alle vorher geltenden Theorien über die Ursachen der Krankheiten an Geltung verloren.

Überall, wo im Pflanzenreiche Mißbildungen, Fäulniserscheinungen oder sonstige Anomalien auftraten, sollten „Ernährungsstörungen“ im Spiele sein. Bald hielt man das Quantum eines zum Leben einer Pflanze notwendigen Nährstoffes für zu groß, bald in nicht genügender Menge, bald gar nicht vorhanden. Allmählich zeigten jedoch die rasch aufeinanderfolgenden Ergebnisse der Kryptogamenforscher dem vorurteilslosen Beurteiler, daß man mit einer so einseitigen Betrachtung der Dinge nicht auskäme. Verschiedentlich war mit Hilfe des Experiments der Nachweis geglückt, daß gewisse kleine Pilze, durch geeignete Übertragung, an gesunden Pflanzen dieselben Erscheinungen hervorrufen konnten, welche die kranken zeigten. Immer mehr Pilze wurden entdeckt und ihr Entwicklungsgang eingehend studiert. In diese Zeit fällt auch die Herausgabe einiger wichtiger Sammelwerke der kryptogamischen, speziell pilzlichen Literatur.

Ein Umstand insbesondere trat noch hinzu, welcher der neuen Richtung allenthalben Eingang verschaffte und die Aufmerksamkeit auf die pilzlichen Schädlinge lenkte: es waren die großen Epidemien, welche den pflanzenbautreibenden Bevölkerungen des westlichen Europas das schwerste Unheil brachten. Zunächst die durch den Phytophthorapilz hervorgerufene Kartoffelfäule, welche in Deutschland den Anbau dieses wichtigen Volksernährungsmittels und Viehfutters in Frage stellte. Dann kamen die großen Verheerungen in den Weinländern. Auch hier wurde ein Pilz (der echte Meltau) als der Erreger einer Massenerkrankung entdeckt. So manche seit tausend Jahren bekannte Erscheinung (Brand, Rost) wurde jetzt, wo man sie auf Pilzbeschädigung hin untersuchte, enträtselt. Unter den ersten Untersuchern derartiger Beschädigungen, deren Wirken ungefähr in die Zeit um die Mitte des vorigen Jahrhunderts einsetzt, seien Forscher wie Schacht, Julius Kühn und de Bary genannt. Während diese die Kryptogamenschädlinge landwirtschaftlicher Kulturgewächse erschlossen, erforschten Willkomm und vor allem Robert Hartig jene der Forstgewächse. In weniger denn 50 Jahren, die jetzt folgten, gelang es der emsigen Forscherarbeit, vorzüglich deutscher Gelehrter, nicht nur die Erreger der hauptsächlichsten Infektionskrankheiten kennen zu lernen, sondern auch die tierischen Schädlinge, welche an Pflanzen pathologische Erscheinungen hervorrufen, auf Lebensweise und Entwicklungsgang eingehend zu studieren. Insbesondere die von der Reblaus hervorgerufenen Riesenschädigungen im französischen Weinlande und in den benachbarten Gebieten, sowie die Verwüstungen ausgedehnter Forstbestände durch gewisse Insekten veranlaßten die eingehendere Beschäftigung mit den tierischen Feinden der Pflanzenwelt.

Das größte Interesse an der Aufklärung der Pflanzenkrankheiten haben jedoch zu jeder Zeit praktische Berufszweige, wie die Land- und Forstwirtschaft, gehabt. Seitdem erkannt war, welche enormen Summen alljährlich den Krankheiten der Pflanzen zum Opfer fielen, erschien die Ausbildung eines „Pflanzenschutzes“ geboten. Im Jahre 1890 errichtete daher die Deutsche Landwirtschaftsgesellschaft unter der Leitung von Julius Kühn, A. B. Frank und Paul Sorauer einen „Sonderausschuß für Pflanzenschutz“. Seit dieser Gründung ist die genannte Gesellschaft unablässig bemüht gewesen, durch laufende Jahresberichte, Errichtung von Auskunftsstellen und Untersuchungsanstalten, sowie die Herausgabe einer Statistik für Pflanzenkrankheiten den letzteren entgegenzuarbeiten. Auch die deutsche Reichsregierung blieb nicht untätig. Im Jahre 1897 gliederte sie unter der Leitung A. B. Franks an das Kaiserliche Gesundheitsamt eine Abteilung an, deren Aufgabe lediglich der Verfolgung der vorher gekennzeichneten Richtung galt. Seit dem vorigen Jahre hat sich nun diese Abteilung so weit entwickelt, daß aus ihr eine selbständige „Biologische Anstalt für Land- und Forstwirtschaft“ hervorgegangen ist. Diesem Institut, welches das Deutsche Reich mit den weitgehendsten Mitteln dotiert, sowie dem ihm beigegebenen beratenden Organ, dem „Beirat“, gehören auch die derzeitig hervorragendsten Vertreter der Pflanzenpathologie in Deutschland (Aderhold, Appel, Behrens, Busse, Hiltner, Hollrung, O. Kirchner, J. Kühn, Rörig, Sorauer, von Tubeuf u. a.) an.

Auch die anderen Kulturstaaten sind in ähnlichen Einrichtungen dem deutschen Beispiel gefolgt.

Während der verflossene Zeitabschnitt in der Geschichte unserer Wissenschaft alljährlich die Entdeckung neuer Schädlinge pflanzlicher und tierischer Herkunft förderte und den Lebensgang derselben kennen lehrte, ist man seit Beginn des neuen Jahrhunderts in andere Bahnen getreten. Soweit es sich nicht um die Beantwortung praktischer Fragen des uns weniger interessierenden Anwendungsgebietes, des „Pflanzenschutzes“, handelte, stand eben bisher der Erreger der Infektionskrankheiten im Vordergrunde der Betrachtung, weniger dagegen die Schädigungsformen am pflanzlichen Organismus und das Zustandekommen des Krankheitsbildes selbst. Nun machen aber nach dem Stande unserer heutigen Kenntnisse die Schädlingskrankheiten wohl nur einen kleinen Bruchteil aller Pflanzenkrankheiten aus. Vielmehr sind atmosphärische Einflüsse wie Wärme (Hitze), Kälte (Frost), Wind, Trockenheit, Nässe, elektrische Ströme, Belichtung, Gase usw., ferner die chemische und physikalische Zusammensetzung des Bodens für die Entstehung von Krankheiten von der größten Bedeutung. Einerseits können diese Einflüsse direkt am pflanzlichen Organismus Beschädigungen hervorrufen, dann aber bieten sie auch indirekt durch Schwächung des Pflanzenkörpers in seinen verschiedenen Lebensfunktionen die Prädisposition zu Schädlingskrankheiten. Denn ebensowenig wie bspw. den normalfunktionierenden, gesunden Lungen eines Menschen Tuberkelbazillen etwas anhaben können, so wenig vermag ein großer Teil der Erreger pflanzlicher Infektionskrankheiten das ungeschwächte, gesunde Individuum zu schädigen. Diese Erfahrung mahnt uns, stets die genaue Unterscheidung zu treffen, ob das Wirken eines Schädigers für ein Krankheitsbild nicht doch nur ein sekundäres Moment sei. Insbesondere die Untersuchungen Sorauers über die Wirkungen des Frostes auf Pflanzen, die zu Pilz- und Insektenkrankheiten prädisponieren, haben diese Ansichten bestätigt.

Bei Pilzinfektionen ist zu unterscheiden, ob der Pilz lebendes oder schon totes Gewebe befallen hat. Im ersteren Falle reden wir von Parasitismus, im anderen von Saprophytismus des Pilzes. Nun gibt es aber bei manchen Kryptogamen Übergänge von einer Befallsart zur anderen. von Tubeuf unterscheidet daher noch Halbparasiten und Halbsaprophyten. — Besteht dagegen zwischen zwei Organismen eine Art Freundschaftsverhältnis in der Weise, daß sie gegenseitig in ihrer Ernährung voneinander Nutzen haben, so redet man von einer Symbiose[1]). In manchen Fällen ist es überaus schwierig, genau die Art des Vorganges zu präzisieren; so steht beispielsweise für die Mistel fest, daß sie mit ihren Wirten in einem gewissen Nahrungsaustausch lebt, wenn sie auch immerhin bei diesem Handel den weit größeren Nutzen zieht.

Die einzelnen Schädlinge sind nun unter verschiedenen Gesichtspunkten betrachtet worden. Sowohl unter Zoologen als auch unter Botanikern haben einzelne Forscher sich haupt-

---

[1]) Vgl. Samml. Göschen: Migula, Biologie der Pflanzen.

sächlich mit der systematischen Darstellung der Schädlinge befaßt. Ihren Untersuchungen verdanken wir die leichte Bestimmung der auf kranken Pflanzen gefundenen Organismen.

Die Diagnose der Krankheit selbst wird aber erst mit den Hilfsmitteln der physiologischen Botanik festgestellt werden können. Dann ist zu prüfen, ob der oder jene auf einem erkrankten Pflanzenteile vorkommende Organismus unter gleichen Umständen an gesunden Objekten die gleichen pathologischen Erscheinungen hervorruft; wir bedienen uns dazu des sogenannten Infektionsversuches.

Handelt es sich um die Übertragung von Bakterien oder Pilzen, so ist zunächst deren Lebens- resp. Keimfähigkeit zu prüfen. Je nachdem es sich nun um Versuche an einzelnen kleineren Objekten handelt, die man im Laboratorium, resp. im Gewächshaus ausführt, oder um größere Mengen Versuchsmaterials, wozu Feldversuche nötig sind, so bedient man sich zumeist verschiedener Methoden.

Im ersteren Falle „impft" man das zu untersuchende Objekt mit einer sterilen Nadel, indem dieselbe entweder direkt mit dem betreffenden Pflanzenteil in Berührung gebracht wird, oder aber man benutzt eine kleine Verwundung als Angriffsstelle der Infektion. Als Impfmaterial kann man bei Pilzen sowohl Sporen als auch Mycel verwenden. Unter Benutzung der Erfahrung, daß Pilze am besten in feuchter und warmer Temperatur gedeihen, bringt man dann die geimpften Objekte (u. a. Kartoffeln, Rüben, eingetopfte Pflanzen) in sogenannte „feuchte Kammern", die man in Wärmezimmer oder Apparate mit Wärmevorrichtung stellt. Für feuchte Kammern eignen sich insbesondere Glas- und Porzellangefäße, welche mit feuchtem Fließpapier ausgekleidet und luftdicht abgeschlossen sind.

Soll der Pilzbefall an größeren Mengen von Versuchsobjekten studiert werden, so bedient man sich auch einfacher Blumenausstäuber, wie sie der Gärtner gebraucht, indem vor der Bespritzung Sporen oder Pilzmycelien von kranken Pflanzen abgekratzt und in Wasser verteilt in den Ausstäuber gebracht werden. In manchen Fällen gelingt die Infektion schon, wenn kranke Pflanzen in die Nähe der gesunden Versuchsobjekte gebracht werden.

Mitunter finden wir auf Pflanzenteilen nur Mycel. Dann ergibt sich für uns die Aufgabe, die Zugehörigkeit desselben zu einem vielleicht bereits bekannten Pilze festzustellen. Zu diesem Zwecke übertragen wir das Mycel auf künstliche oder natürliche Nährmedien. Es ist dann möglich, daß sich auf diesen Böden Sporenformen bilden, oder daß die Überführung in eine höhere Fruchtform des Pilzes gelingt. Bei Herstellung der künstlichen Lösungen ist — abgesehen davon, daß sie steril sein müssen — darauf zu achten, daß nach Möglichkeit diejenigen Stoffe in die Lösung hineingebracht werden, welche in dem natürlichen erkrankten Objekt enthalten sind. Häufig verwendet man auch Fruchtsäfte und Fleischbrühe als Nährböden für Pilze und Bakterien. Man benutzt sie, ebenso wie die aus chemischen Agentien zusammengesetzten, sowohl in flüssiger als auch in fester Form Zur Erreichung der letzteren dienen Zusätze von Gelatine oder Agar. Pilze bevorzugen im allgemeinen saure, Bakterien alkalische Nährböden.

Auch die stofflichen Änderungen, welche der Parasit während seines Zerstörungswerkes hervorruft, lassen sich durch die erwähnten Kulturmethoden prüfen. So werden z. B. gewisse Pilze als Alkalibildner festgestellt. Aus dieser Erfahrung können wir entnehmen, daß sich am natürlichen Objekt sehr bald Bakterien, die, wie eben erwähnt, auf alkalischen Nährböden besonders lebensfähig sind, — auf dem pilzkranken Substrat ansiedeln werden. Eine solche Zerstörungsart kennzeichnet beispielsweise verschiedene Krankheiten an Wurzelfrüchten usw. — Mit Hilfe derselben Methode läßt sich auch feststellen, ob ein Erreger sein Objekt direkt schädigt oder ob er zunächst ein Ferment oder Enzym ausscheidet, welches den befallenen Pflanzenteil tötet und dann erst dem Pilz ermöglicht, auf dem abgestorbenen Gewebe saprophytisch zu wachsen. Ein lehrreiches Beispiel dieser Art hat de Bary bei der Infektion verschiedener Pflanzen durch die Sclerotinia Libertiana (vgl. S. 67) nachgewiesen.

Durch Variation in der Zusammensetzung der einzelnen Nährstoffe, sowie bei Einwirkung wechselnder Temperatur- und Feuchtigkeitsgrade lassen sich häufig bestimmte Formen der Vermehrung oder Fortpflanzung des auf Nährböden gezüchteten Mikroorganismus erzielen. Der Botaniker Georg Klebs hat diese Methode besonders ausgebaut. Durch sie vermochte er auch, sowohl an niederen als auch höheren Pflanzen, „willkürliche Entwicklungsänderungen" hervorzurufen. Wir verdanken also diesem experimentellen Wege einmal die Möglichkeit, die Lebensfunktionen des Erregers kennen zu lernen, dann aber auch befähigt er uns, am pflanzlichen Organismus künstlich krankhafte Erscheinungen herbeizuführen. (Hierher gehören Änderungen im Wachstum der Gewebe und der Entwicklung, also Abweichungen vom normalen Bau und Leben einer Pflanze, die gewöhnlich gleichzeitig mit einer Änderung der Gestalt verknüpft sind.)

Diese experimentelle Forschungsrichtung kennzeichnet eine der Hauptaufgaben der Pflanzenpathologie seit dem Beginn des neuen Jahrhunderts; durch sie ist uns überhaupt erst gezeigt worden, daß die vorhandenen krankhaften Bildungen am Pflanzenkörper kausal erforschbar sind. Eins der Arbeitsgebiete der experimentellen Pathologie ist auch die Erforschung der zu den verschiedensten Schädlingskrankheiten prädisponierenden Umstände. Zu ihnen gehören jene S. 9 genannten atmosphärischen Einflüsse, welche auch für sich allein Schädigungen hervorrufen können.

Experimentelle Untersuchungen hierüber sind zurzeit im Gange. Unter derartigen Veröffentlichungen aus neuerer Zeit seien hier angeführt: die Untersuchungen Sorauers über die Frostbeschädigungen, die von Müller-Thurgau, Molisch und Mez über das Erfrieren der Pflanzen, die von Hansen über Windbeschädigungen, die von v. Tubeuf über die Wirkungen elektrischer Ströme u. a. m. auf den Pflanzenkörper. Auch die durch Gase (u. a. schweflige Säure) verursachten sogenannten Rauchbeschädigungen sind Gegenstand des Studiums (Haselhoff-Lindau, Wieler).

Neben dieser experimentell-physiologischen Richtung ist es die Aufgabe der Pathologie, die Anatomie und Histologie der kranken Gewebe zu erforschen. Eine allgemeine Zusammenfassung dieses Gebietes auf Grund des heutigen

Standes unserer Kenntnisse hat vor kurzem Ernst Küster in seiner „Pathologischen Pflanzenanatomie“ (1903) niedergelegt. In der Erforschung der beiden ebengenannten Arbeitsgebiete, welche gegenüber dem praktischen Pflanzenschutz einen Zweig der reinwissenschaftlichen Botanik darstellen, liegt die Aufgabe der modernen Pathologie.

Eine der Richtungen des Pflanzenschutzes besteht darin, als Pflanzenhygiene, alle die Umstände, welche die Disposition zu Krankheitserscheinungen liefern, nach Möglichkeit auszumerzen. In dieses Kapitel gehören u. a. die Züchtungen widerstandsfähiger Sorten, ferner der dem Landwirt wohlbekannte Fruchtwechsel, das Aufbewahren von Früchten während des Winters in geeigneten Konservierungsräumen und andere Dinge mehr. Eine andere Aufgabe des Pflanzenschutzes ist die Bekämpfungsmittellehre. Wie bei der menschlichen Krankheitslehre dienen dieser Richtung teils operative Eingriffe, teils sind es chemische Mittel, welche auf die Vernichtung der parasitären Schädlinge gerichtet sind.

Wir haben des öfteren von Prädispositionen zu Krankheitserscheinungen gesprochen. In Kürze wollen wir auf sie zurückkommen, indem wir uns dabei an die von Robert Hartig in seinem Lehrbuche gegebene Einteilung halten wollen.

Hartig unterscheidet fünf Kategorien von „Krankheitsanlagen“.

Unter der örtlichen Disposition versteht er alle für einen pflanzlichen Organismus ungünstigen Verhältnisse, die durch Lage und sonstige Eigentümlichkeiten des Standortes bedingt sind. Zu jenen rechnet er beispielsweise gestaltliche Verhältnisse der Bodenoberfläche, wie „Frostlöcher“. Einen anderen Fall bietet die exponierte Lage gewisser Bäume, welche Blitz- und Hagelschlag gegenüber wenig geschützt sind. Ferner sei hier an Örtlichkeiten erinnert, die besonders durch ihre feuchte, warme Luft die Ansiedlung und Entwicklung parasitärer Pilze begünstigen.

Zeitliche Disposition nennt Hartig jene Entwicklungsstadien der Pflanzen, in welchen sie kraft ihres anatomischen Baues oder ihrer physiologischen Leistungen für gewisse Einflüsse, wie z. B. Fröste oder Pilzinvasion, besonders empfänglich sind. Hier sind Jugendzustände der Pflanze und Ruhezustände im Gewebewachstum zu nennen.

Eine individuelle, angeborene Disposition für Erkrankungen zeigen z. B. Gewächse durch den ihnen eigenen Bau ihres Hautgewebes, das gegenüber Einwirkungen wie Rauch oder anderen chemischen Agentien nicht genügend widerstandsfähig ist. — Einen Schutz gegen bestimmte Neigungen zu Krankheiten besitzen manche Pflanzen in dem späten Austreiben ihrer Knospen. Sie bleiben dadurch von Frühjahrsfrösten und manchen Parasiteninfektionen verschont.

Erworbene Krankheitsanlagen nennt Hartig u. a. solche Erscheinungen, die in der feuchten Luft des Treibhauses erzogene Pflanzen zeigen, sobald sie in trockene Luft verbracht werden. In diesem Stadium werden sie leicht der Vertrocknung anheimfallen.

Schließlich lassen sich noch unter dem Begriff der „krankhaften“ Prädisposition alle möglichen Verwundungen am Organismus, tierischer wie elementarer Natur, anführen, welche Eingangspforten für schädliche Organismen und Fäulniserreger werden.

Die Zahl der Beispiele für die verschiedenen Anlagen kann hier im Hinblick auf den beschränkten Raum nur eine sehr kleine sein. Gerade für die individuelle Disposition ließen sich eine Unzahl von Beispielen anführen, und zwar solcher, welche mit den Eigentümlichkeiten im Organismus einer jeden Pflanze im Zusammenhang stehen.

Im vorliegenden Bändchen sollen nun die wichtigsten Krankheiten vorzüglich unserer Kulturpflanzen beschrieben werden. Dabei sind die krankhaften Veränderungen des Pflanzenkörpers in erster Linie berücksichtigt worden. Auf den Entwicklungsgang der als Erreger auftretenden Organismen ist nur insoweit eingegangen worden, als es zur Kenntnis des Krankheitsverlaufs notwendig erschien. Diesem Hauptkapitel (III.) ist noch ein kurzer Abschnitt (II.) vorangeschickt worden, der dem Leser erleichtern soll, die vorkommenden Erreger im System aufzufinden, und der über das Notwendigste aus ihrem Entwicklungsgange berichten soll. — Da ein anderes Bändchen der Sammlung Göschen sich speziell mit den hauptsächlichsten tierischen Erregern, den Insekten, befaßt, werden diese in dem genannten Abschnitt nur kurz registriert. — Im Schlußkapitel (IV.) finden sich noch die erwähnenswertesten Maßnahmen des Pflanzenschutzes verzeichnet[1]).

II. Kurze Übersicht über systematische Stellung und Bau der Erreger.

1. Pflanzliche Schädlinge[2]).

I. Myxomyceten (Schleimpilze).

Niederste Pflanzengruppe. Chlorophyllfrei. Der ganze Organismus eine membranlose Protoplasmamasse (Plasmodium), welche bei den parasitären Schleimpilzen in den

[1]) Soweit die Abbildungen nicht Originale sind, sind sie den im Literaturverzeichnis erwähnten Lehr- und Handbüchern entlehnt worden. Aus anderen Werken entnommene Abbildungen sind mit dem Autornamen versehen.

[2]) Vgl. Samml. Göschen, Nr. 122: Reinecke-Migula, Das Pflanzenreich, S. 7—115.

Wirtszellen lebt. „Amöboid" kriechende Bewegung. Fortpflanzung: Zerfall des Plasmodiums in Sporen, aus welchen wieder nackte Plasmodien ausschlüpfen.

Plasmodiophora Brassicae Wor. (Kohlhernie S. 79).

II. Bakterien (Spaltpilze).

Einfach gebaute Pflanzen, einzellig oder fadenförmig, nur bei starker mikroskopischer Vergrößerung sichtbar. Gestalt: Kugeln, Stäbchen, Schrauben, gerade Zellfäden. Fortpflanzung ungeschlechtlich, nur durch Zellteilung. Bei einigen Bildung von Sporen (Dauerzellen mit stärkerer Membran). Bewegung mitunter durch Cilien. Bacillus phytophthorus Appel (Kartoffelschwarzbeinigkeit, S. 58), Clostridium butyricum (Amylobacter Clostridium) (Bakterienfäule der Kartoffel, S. 58), Bacillus Betae (Bakterielle Gummosis der Rübe, S. 67), Bakterien (Erreger der Schorf- und Fäulniskrankheiten, von Kohl- und Gemüsekrankheiten, S. 80).

III. Fungi (Pilze).

Chlorophyllfreie Pflanzen, welche organische Verbindungen als Nahrung aufnehmen. Als Parasiten auf lebenden, als Saprophyten auf toten Organismen, sowie deren Zerfallsprodukten (organischen Verbindungen wie Humus, zuckerhaltige Flüssigkeiten) lebend. Pilzzellen zu Fäden, Hyphen, vereinigt. Der Vegetationskörper der Pilze, das Mycelium, ist aus diesen Hyphen zusammengesetzt. Dasselbe kommt an Wirtspflanzen entweder an der Oberfläche vor oder dringt, teilweise mit besonderen Saugorganen, Haustorien, in die Wirtszellen zur Nahrungsaufnahme ein. Am Mycel entstehen die Vermehrungsorgane:

1. Sporenträger, einfach oder verzweigt, die gewöhnlich den Wirten oberflächlich aufsitzen. An den Trägern Abschnürung von einzelnen der Vermehrung dienenden Zellen, Sporen oder Konidien:

a) einzeln an den Trägern abgeschnürt,

b) in Mengen zu Sporangien vereinigt, welche von einer gemeinsamen Hülle umschlossen sind, die bei der Reife aufplatzt und die einzelnen Konidien entläßt.

Fallen die Konidien ab, so keimen sie unter günstigen Umständen auf geeigneten Substraten zu Keimschläuchen aus, die sich zu neuem Mycel weiterentwickeln.

2. In Sporangien gebildete Sporen, welche im Wasser als Schwärmsporen leben. (Fig. 1,3.)

3. Geschlechtlich erzeugte Sporen, entstanden aus der Befruchtung von Eizellen durch Spermatozoiden.

4. In Schläuchen, Asci, gebildete Sporen, Schlauchsporen oder Ascussporen (vgl. Fig. 4 und 7). (Die Schläuche sind Sporangien.) Die Schläuche befinden sich, oft zusammen mit sterilen Hyphen, Paraphysen, in besonderen Fruchtkörpern oder Fruchtgehäusen. Unter diesen unterscheidet man Perithecien, geschlossene, und Apothecien, offene Sporenfrüchte. Erstere finden sich sowohl nnter der Epidermis des Wirtes in die Gewebe eingesenkt, als auch der Epidermis aufliegend. Die Apothecien, sowie verschiedene Perithecienbildungen nehmen ihren Ursprung nicht direkt aus dem Mycel, sondern aus Mycelverflechtungen zu einem festen Körper, Sclerotium, welches einen Ruhezustand des Pilzes darstellt. Die Sporenfrucht sitzt bei diesen Bildungen auf einem Stiel (Fig. 7 und 13a). Bei einigen Asci besitzenden Pilzen (Ascomyceten) geht der Ascusbildung ein Befruchtungsakt voraus.

5. Außer den erwähnten Sporenfrüchten besitzen die Ascomyceten noch Fruchtformen, bei denen entweder Koni-

dien an Trägern abgeschnürt werden oder in Gehäusen, Pykniden oder Spermogonien, gebildet werden. Bei einigen Gruppen ist nur die eine oder die andere Fruchtform bekannt, man redet daher von einem unvollständigen Entwicklungsgang (Fungi imperfecti).

6. Basidien, Konidien, welche in geringer Anzahl auf bestimmt geformten Trägern abgeschnürt werden, welche zu größeren Gewebemassen vereinigt sind. (Hutpilze. Basidiomyceten.)

Systematische Einteilung.

1. Phycomyceten (niedere, auch Algenpilze).

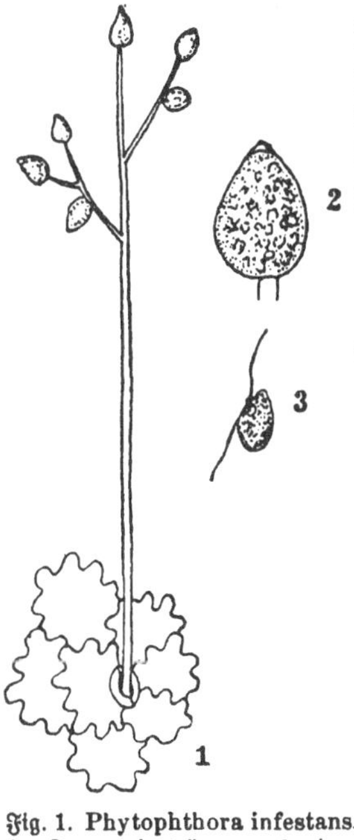

Fig. 1. **Phytophthora infestans.** 1. Sporangienträger aus einer Spaltöffnung eines Kartoffelblattes hervortretend 2. Sporangium. 3. Schwärmzelle. (Vergrößert.)

Fig. 2. **Plasmopara viticola** (Konidienträger). (Nach F. Cohn. Vergrößert.)

2. Ascomyceten (Schlauchpilze).
3. Ustilagineen (Brandpilze).
4. Uredineen (Rostpilze).

5. Basidiomyceten (Hut- und Schwammpilze).
6. Fungi imperfecti.

1. Phycomyceten.

a) Oomyceten. Schlauchförmiges, verzweigtes, einzelliges Mycel. Geschlechtliche Fortpflanzung durch „Oosporenbefruchtung“.

Fig. 3. **Bremia Lactucae** (Gablige Konidienträger). (Vergrößert.)

Fam. Peronosporaceen. Pythium de Baryanum Hesse (Keimlingskrankheit von Rüben, S. 66), Phytophthora infestans de By (Kartoffelkrankheit, S. 54; Phytopht. Fäule der Knolle, S. 56, Fig. 1), Phytophthora Fagi (Keimlingskrankheit der Buche, S. 124), Peronospora Schachtii Fuck. (Herzblattkrankheit der Rübe, S. 69), P. Viciae Berk. (Falscher Meltau der Wicke, S. 73), P. Trifoliorum de By

(Falscher Meltau von Klee und Lupine, S. 73), P. parasitica de By (Falscher Meltau auf Raps-, Kohl- und Rübenpflanzen, S. 81), P. Schleideniana Ung. (Falscher Meltau der Zwiebel, S. 83), P. Spinaciae Laubert (Falscher Meltau des Spinats, S. 83), Plasmopara (Peronospora) viticola de By (Falscher Meltau, Blattfallkrankheit der Rebe, S. 104, Fig. 2), Cystopus (Albugo) candidus Lév. (Weißrost der Raps-, Kohl- und Rübenpflanzen, S. 81), Bremia Lactucae Reg. (Salatflecken, S. 81, Fig. 3).

Fam. Saprolegniaceen. Aphanomyces (Rübenwurzelbrand, S. 66).

b) Chytridiaceen. Einfach gebaute Parasiten, deren Zellen bei der Fortpflanzung in Schwärmzellen zerfallen, die wieder zu Zellen ausgebildet werden. Olpidium brassicae Wor. (Kohlkeimlingskrankheit, S. 80).

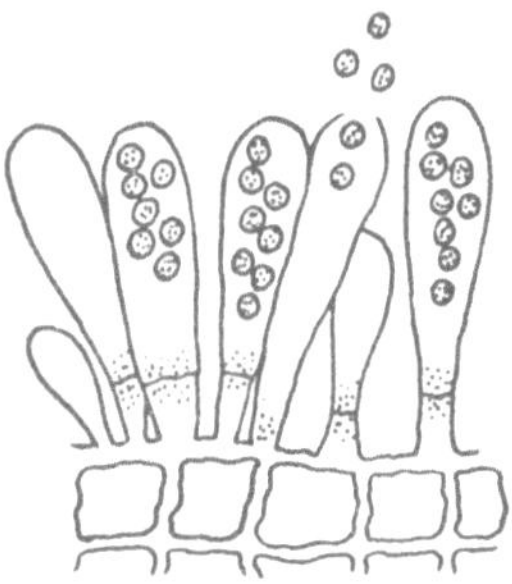

Fig. 4. Exoascus Pruni (Asci mit Ascussporen). (Vergrößert.)

2. Ascomyceten.

Mycel mit gegliederten Hyphen. Am Mycel entstehen Fruchtkörper, in denen Sporangien, hier Schläuche (Asci) genannt, gebildet werden. In den Asci befinden sich die Ascussporen, welche durch Aufplatzen der Schläuche frei werden. Einteilung:

a) Gymnoasci (Schläuche freistehend). (Fig. 4.)

b) Carpoasci (Schläuche in Gehäusen [Früchten]). (Fig. 5.)

---

a) Gymnoasci. Exoascus (Taphrina) Pruni Fuck. (Taschenkrankheit der Zwetschen und Pflaumen, S. 94, Fig. 4),

E. Cerasi Fuck. (Kirschenhexenbesen, S. 94), E. deformans Berk (Kräuselkrankheit des Pfirsichs, S. 95).

b) Carpoasci.

α) Perisporiaceen. Fruchtkörper: geschlossenes, kapselförmiges Gehäuse (Perithecium), das durch Verwitterung oder andere Zerstörung die Sporenschläuche freiläßt. Erysiphe graminis Lév. (Getreidemeltau, S. 41, Fig. 5), Erysiphe Martii Lév. (Echter Meltau auf Leguminosen, S. 73), Erysiphe (Uncinula) necator (Schw.) Burr und

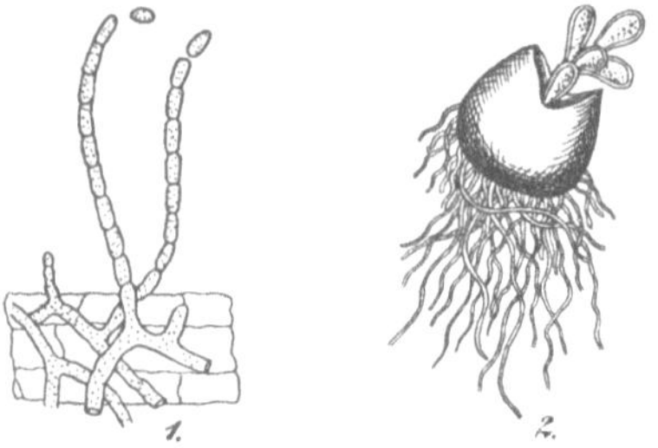

Fig. 5. **Erysiphe graminis.**
1. Konidienträger mit in Reihen abgeschnürten Konidien. 2. Perithecium mit hervorbrechenden Schläuchen. (Vergrößert.)

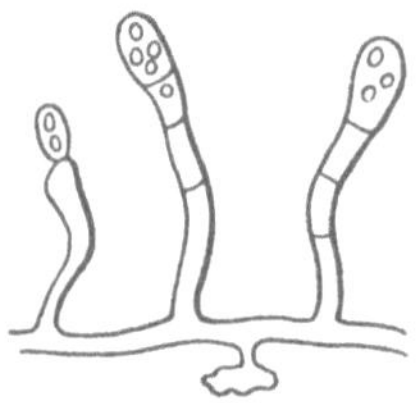

Fig. 6. **Oïdium Tuckeri** mit Konidien und Saugfortsatz. (Vergrößert.)

Oïdium Tuckeri Berk (Weinmeltau, S. 103, Fig. 6), Sphaerotheca Castagnei Lév. (Hopfenmeltau, S. 84), S. pannosa (Wallr.) Lév. (Rosenschimmel, S. 113), S. morsuvae (Schw.) Berk et Curt und Microsphaera Grossulariae (Wallr.) Lév. (Stachelbeermeltau, S. 92).

β) Pyrenomyceten (Kernpilze). Fruchtkörper: Schlauchgehäuse (Perithecium) mit schmaler Öffnung, durch welche die Schlauchsporen entlassen werden. Perithecien haben Gestalt kleiner, flaschenförmiger, auch kugeliger Behälter, die entweder zu mehreren in einem besonders gebildeten Organ

(Stroma, Lager) eingesenkt sind oder auf dem Mycel stehen. Sclerotienbildung. Neben Schlauchsporen Konidienbildung auf Trägern. Hauptsächlich Blatt- und Rindenparasiten. Claviceps purpurea Tul. (Sphacelia segetum Lév. und Secale cornutum) (Mutterkorn, S. 43, Fig. 13), Ophiobolus herpotrichus Sacc. (Weizenhalmtöter, S. 45), Leptosphaeria herpotrichoides de Not. (Roggenhalmbrecher, S. 46), Cladosporium herbarum Link und Pleospora (Getreideschwärzepilz, S. 46), Sphaerella exitialis Morini (Getreideblattpilz, S. 47), Sph. bellona Sacc. (Weißfleckigkeit des Kernobstes, S. 90), Sph. Fragariae Sacc. (Erdbeerblattflecken, S. 96), Sph. Laricina Hess (Lärchenschüttepilz, S. 135), Septoria (Getreideblattpilz, S. 47), Septoria piricola Desin und Septoria nigerima Fuckel (Birnen-Blattflecken, S. 90), Rhizoctonia solani (Hypochnus Solani) (Kartoffelpilz, S. 59), Rhizoctonia violacea Tul. (Wurzeltöter von Rübe, Klee und Luzerne, S. 68, 74), Fusarium oxysporum und F. Solani (Kartoffelschädling, S. 60), Fusarium beticola Frank (Herz- und Trockenfäule, S. 64), Fusicladium dendriticum Fuckel, Venturia inaequalis Aderhold (Apfelschorf, S. 88), Fusicladium pirinum Fuckel, Venturia pirina Aderhold (Birnenschorf, S. 90), Stigmatea Mespili Sor. (Blattbräune der Birnenwildlinge, S. 90), Gnomonia erythrostoma Auersw. (Blattbräune der Süßkirschen, S. 93), Polystigma rubrum Tul. (Rotfleckenkrankheit der Pflaumenblätter, S. 93), Laestadia (Physalospora) Bidwellii Kühn (Black-Rot-Krankheit der Rebe, S. 106), Acladium interaneum Thüm. (Lederbeeren in Tirol, S. 107), Dematophora necatrix R. Htg. (Wurzelpilz der Rebe, S. 107), Nectria cinnaberina Tode (Rotpustelkrankheit, S. 116), N. ditissima Tul. (Krebspilz, S. 123), Aglaospora taleola Tul. (Eichenrindenpilz, S. 123), Rosellinia quercinia R. Htg. (Eichenwurzeltöter, S. 122).

γ) Discomyceten (Scheibenpilze). Aus den Sclerotien wachsen gestielte Scheiben, auch Becher (Apothecien), in denen zwischen den Paraphysen, d. s. sterile Fäden, Schläuche gebildet werden (Fig. 7,2). Gleichzeitig Vermehrung durch Konidien, letztere an Trägern gebildet. Sclerotinia Libertiana Fuckel (Sclerotienkrankheiten, Rapskrebs, S. 67, 82 Fig. 7), Sclerotium Cepae Lib. (Zwiebelsclerotien, S. 83), Botrytis cinerea Pers. (Edelfäule u. a., S. 108), Sclerotinia Trifoliorum Eriks. (Kleekrebs, S. 76), Monilia fructigena (und cinerea Pers.) (Polsterschimmel, S. 96), Peziza Willkommii R. Htg. (Lärchenkrebspilz, S. 132), Pseudopeziza Trifolii Fuck. (Blattfleckenkrankheit des Klees, S. 76), Pseudopeziza tracheiphila (Roter Brenner der Rebe, S. 106), Rhytisma acerinum Pers. (Runzelschorf des Ahorns, S. 117), Hysterium (Lophodermium) Pinastri Schrad. (Schütte, Ritzenschorf, S. 134), Hysterium (Lophodermium) macrosporum R. Htg. (Fichtenritzenschorf, S. 135), Hysterium (Lophodermium) nervisequium D. C. (Weißtannenritzenschorf, S. 135).

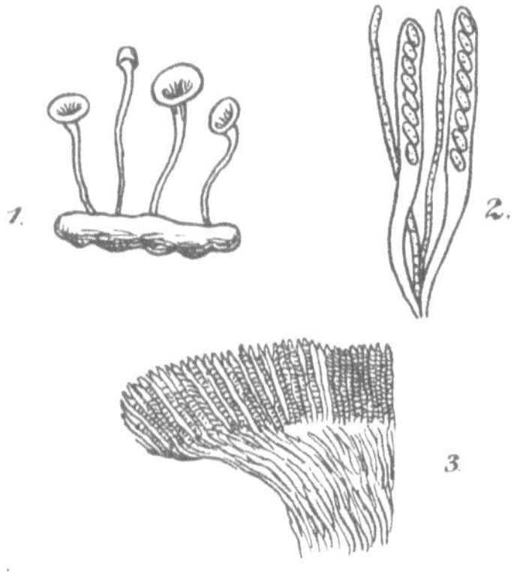

Fig. 7. Sclerotinia Libertiana.
1. Sklerotien mit Apothecien. 2. Schläuche (Asci) mit Sporen und Paraphysen aus dem Apothecium. 3. Längsschnitt durch ein Apothecium.

3. Ustilagineen.

Näheres über Entwicklungsgang und Parasitismus S. 31. Tilletia caries Tul. und Tilletia laevis (Steinbrand des

Weizens, S. 33), Ustilago Tritici (Pers.) Jens. (Weizenstaub(flug)brand, S. 34), Ustilago Avenae Pers. (Nackter Haferbrand, S. 34), Ustilago Kolleri Wille. (Gedeckter Haferbrand, S. 34), Ustilago nuda Hordei Jens. (Nackter Gerstenflugbrand, S. 34), Ustilago tecta Hordei Jens. (Gedeckter Gerstenflugbrand, S. 34), Urocystis occulta Rabh. (Roggenstengelbrand, S. 34), Ustilago Maydis Lév. (Maisbrand, S. 35), Ustilago destruens Schlechtd. (Hirsebrand, S. 35).

4. Uredineen.

Näheres über Entwicklungsgang und Parasitismus S. 36. Einteilung:

a) Puccineen. Puccinia graminis Pers. (Getreidehalm(schwarz)rost mit Äcidien auf Berberitze, S. 40, 115), Puccinia glumarum Eriks und Henn. (Getreideblattrost, Gelbrost, Äcidienform unbekannt, S. 40), Puccinia dispersa Eriks (Braunrost, Äcidien auf Anchusa, S. 41), Puccinia coronifera Avenae Kleb. (Kronenrost, Äcidien auf Rhamnus, S. 41, 115), Puccinia Asparagi DC. (Spargelrost, S. 83). Pucciniastrum Padi (=Aecidium strobilinum Alb. et Schw. Fichtenzapfenpilz S. 135).

b) Phragmidieen. Phragmidium subcorticium Schrk. (Rosenrost, S. 114).

c) Melampsoreen. Melampsora Lini Wtr. (Flachsrost, S. 84), Melampsora (Calyptospora) Goeppertiana Kühn, mit Äcidienform: Aecidium columnare Alb. et Schw. (Weißtannensäulenrost, S. 134), Melampsora Tremulae Tul. mit Cäomaform: Caeoma pinitorquum A. Br. (Kieferndrehkrankheit, S. 131). Melampsorella cerastii (=Aecidium elatinum Alb. et Schw. Weißtannenhexenbesen S. 131).

d) Chrysomyxeen. Chrysomyxa Abietis Wallr. (Gelbfleckigkeit der Fichtennadeln, S. 134), Chrysomyxa Rhododendri DC., mit Äcidienform: Aecidium abietinum Alb. et Schw. (Fichtennadelblasenrost, S. 134).

e) Uromyceen. Uromyces Betae Tul. (Rübenrost, S. 68), U. Pisi de By. (Erbsenrost, S. 72), U. Trifolii Winter (Kleerost, S. 73), U. Orobi Wter. (Wickenrost, S. 73), U. Phaseolorum Tul. (Bohnenrost, S. 73), U. Anthyllidis Schröt. (Lupinenrost, S. 73).

f) Gymnosporangien. Gymnosporangium Sabinae Dicks mit Äcidienform: Roestelia cancellata Reb (Gitterrost der Birnbäume, S. 91).

g) Cronartieen. Cronartium ribicolum Dietr. mit Peridermium Strobi Kleb. (Weymouthskieferblasenrost, S. 130), Cronartium asclepiadeum Willd. mit Peridermium Pini Willd. (Kiefernblasenrost, S. 129).

5. Basidiomyceten.

a) Polyporeen. Hüte gestielt und ungestielt, von harter, holz- und korkartiger Beschaffenheit. Holz- und Rindenpilze. Die Fruchtträger zum Teil konsolenartig aus der Stammrinde des Wirtes hervorragend. Polyporus (vgl. S. 124), Merulius lacrymans Jacq. (Hausschwamm, S. 125), Trametes radiciperda R. Htg. (Wurzelschwamm, S. 127), Trametes Pini Fr. (Kiefernbaumschwamm, S. 128).

b) Agaracineen. Fruchtkörper: ein gestielter Hut von weicher Beschaffenheit. Agaricus melleus L. (Hallimasch, S. 125).

6. Fungi imperfecti.

Gloeosporium caulincola Kirchn. (Stengelbrenner des Klees, S. 74), Gl. Lindemuthianum Sacc. et Mgn. (Fleckenkrankheit der Bohne, S. 74), Spaceloma (Gloeosporium) ampelophagum Sacc. (Schwarzer Brenner der Rebe, S. 106), Phoma Betae Frank (Herz- und Trockenfäule der Rübe,

S. 64), Coniothyrium (Phoma) diplodiella Sacc. (Weißfäule der Rebe S. 107), Cercospora beticola Sacc. (Fleckenkrankheit des Rübenblatts, S. 68), Ascochyta graminicola Sacc. (Getreideblattpilz, S. 47), Ascochyta Pisi Lib. (Blatt- und Hülsenfleckkrankheit der Erbse, S. 75), Helminthosporium gramineum Rabh. (Streifenkrankheit der Gerste, S. 47), Sporidesmium exitiosum Kühn (Rapsverderber, S. 82), Stysanus Stemonites (Pers.) Corda (Kartoffelpilz, S. 60), Cryptosporium leptostromiforme J. K. (Stengeltöter der Lupine, S. 74), Clasterosporium carpophilum (Lév.) Aderhold (Gummifluß, S. 88), Marsonia, Phyllosticta (Nußbaumblattpilze, S. 96), Cenangium Abietis Duby (Cenangiumkrankheit der Kiefer, S. 133).

Oospora (Fadenpilz, S. 61, 65), Alternaria Solani Sor. (Fadenpilz, Dürrfleckenkrankheit der Kartoffel, S. 57).

IV. Phanerogame Parasiten.

Dicotyledonen.

Fam. Loranthaceen. Pflanzen mit beschränktem Parasitismus. Auf Bäumen und Sträuchern. Der Wirtspflanze werden nur Wasser und anorganische Nährstoffe entzogen, während sie selber — sie besitzen eigenen Chlorophyllapparat — von ihren Bildungsstoffen an den Wirt abgeben.

Viscum album (Mistel, S. 121). Loranthus europaeus R. Htg. (Riemenblume, S. 122).

Fam. Convolvulaceen.

Cuscutaceen. Parasiten ohne Chlorophyllapparat. Ihr Stengel umwindet den Stengel des Wirtes, an welchem er sich mittels Haustorien, d. s. Saugorgane, befestigt. (Vgl. S. 76, Kleeseide, Cuscuta Trifolii Rab., C. europaea S. 116.)

Fam. Orobanchen. Parasiten ohne Chlorophyllapparat, auf Wurzeln der Wirte lebend.
Orobanche minor Stk. (Kleeteufel, S. 77).

2. Tierische Schädlinge.

1. Würmer.

Nematoden (Älchen). Näheres über Entwicklungsgang und Parasitismus S. 49. Tylenchus devastatrix (Dipsaci) Kühn (Stockkrankheit des Getreides, Wurmfäule der Kartoffel, S. 49, 62, Fig. 14), Tylenchus scandens Schneid. (Radekörner des Weizens, S. 50), Heterodera Schachtii A. Schmidt (Rübenmüdigkeit, S. 69).

2. Gliederfüßler.

a) Milben. Tetranychus telarius L. (Rote Spinne, S. 117), Rhizoglophus echinopus (Kartoffelfäule, S. 62), Phytoptus Vitis Land (Filzkrankheit des Weins, S. 112), Ph. Piri Pag. (Pockenkrankheit der Birnbäume, S. 99), weitere Phytopten S. 118.

b) Insekten.

α) Urflügler, Blasenfüße. Thrips cerealium Haliday (Getreideblasenfuß, S. 50).

β) Zweiflügler, Mücken, Fliegen. Cecidomyia destructor Say secalina Löw. (Hessenfliege, S. 51), C. brassicae Wtz. (Kohlgallmücke, S. 83), C. nigra Meig. und piricola Nördlinger (Birngallmücke, S. 99), C. (Hormomyia) fagi Htg. (Buchengallmücke, S. 124), Diplosis (Cecidomyia) Tritici Kirby (Weizengallmücke, S. 52), Oscinis frit L. und O. pulsilla Meig. (Fritfliege, S. 51), Chlorops taeniopus Meig. (Gelbe Halmfliege, S. 52), Anthomyia conformis Fall (Runkelfliege, S. 71), A. funesta Kühn (Lupinenfliege, S. 78), A. radicum L. (Kohlfliege, S. 82), A. antiqua Meig.

(Zwiebelfliege, S. 84), Trypeta fulminans Meig. (Spargelfliege, S. 83), Spilographa Cerasi F. (Kirschfliege, S. 99), Sciara Piri Schmidt (Birntrauermücke, S. 99).

γ) Geradflügler. Gryllotalpa vulgaris Latr. (Maulwurfsgrille, S. 54).

δ) Hautflügler. Cephus pygmaeus L. (Getreidehalmwespe, S. 53), Rhodites Rosae L. (Schlafäpfel der Rose, S. 115), Athalia spinarum Fbr. (Rübenblattwespe, S. 72).

ε) Schnabelkerfe. Jassus sexnotatus Fall (Zwergzikade, S. 53), Aphiden (Blattläuse, S. 72, 78, 97), Siphonophora Ulmariae (Erbsenblattlaus, S. 78), Schizoneura lanigera Hausm. (Blutlaus, S. 97), Phylloxera vastatrix Planchon (Reblaus, S. 109), Aspidiotus perniciosus (San José-Schildlaus, S. 85), Chermes-Arten (Fichtenknospengallen, S. 136).

ζ) Käfer. Melolontha vulgaris L. (Engerlinge, S. 54), Agriotes lineatus L. (Drahtwürmer, S. 54), A. Eschsch und Athous Eschsch (Drahtwürmer, S. 54, 62), Plinthus poreatus Paur. (Hopfenkäfer, S. 84), Haltica oleracea L. (Kohlerdfloh, S. 83), Psylliodes chrysocephalus (Rapserdfloh, S. 83), Rhynchites betuleti Fabr. (Rebenstecher, S. 113), Bromius Vitis F. (Rebenfallkäfer, S. 113), Anomala aënea Deg. (Rebenlaufkäfer, S. 113), Otiorhynchus sulcatus (Dickmaulrüßler S. 113), Anthonomus Pomorum L. und A. Piri Koll (Blütenstecher, S. 99), Zabrus gibbus F. (Getreidelaufkäfer, S. 54), Cassida nebulosa L. (Schildkäfer, S. 72), Silpha atrata L. (Schwarzer Aaskäfer, S. 72), Scolytidae (Borkenkäfer, S. 137), Bruchus-Arten (Samenkäfer, S. 78).

η) Schmetterlinge. Aporia crataegi L. (Baumweißling, S. 100), Liparis dispar Sch. (Schwammspinner, S. 100), L. chrysorrhoea L. (Goldafterraupe, S. 100), Bombyx neustria L. (Ringelspinner, S. 100), Liparis monacha L. (Nonne,

S. 136), Bombyx Pini L. (Kiefernspinner, S. 136), Agrotis segetum W. V. (Erdraupen, S. 53), Plusia gamma L. (Gammaeule, S. 78), Mamestra Pisi L. (Erbseneule, S. 78), Mamestra brassicae L. und M. oleracea L. (Gemüseeulen, S. 82), Cheimatobia brumata L. und Hibernia defoliaria (Frostspanner, S. 100), Geometra piniaria L. und G. liturata Cl. (Kiefernspanner, S. 136), Noctua griseovariegata Götze (Kiefernbestandsverderber, S. 136), Cnethocampa pinivora Tr. (Kiefernprozessionsspinner, S. 136), Cn. processionea L. (Eichenprozessionsspinner, S. 123), Carpocapsa pomonella L. (Apfelwickler, S. 99), Grapholitha dorsana F. und nebritana Treitschke (Erbsenwickler, S. 78, andere forstschädliche Grapholithen S. 136), Grapholitha botrana Schiffn. (Bekreuzter Traubenwickler, S. 111), Conchylis ambiguella Hübn. (Heu- und Sauerwurm, S. 111), Tortrix pilleriana Schiffn. (Springwurm, S. 112).

III. Pflanzenkrankheiten.

1. In landwirtschaftlichen Betrieben.

a) Getreidepflanzen.

Die Kenntnis der Getreidekrankheiten geht weit zurück. Schon im Altertum waren Brand und Rost dem Feldbauer bekannte Erscheinungen. Dennoch gehört das Studium gerade dieser beiden Pilzkrankheiten noch heute zu den modernsten Arbeitsgebieten der Pflanzenpathologie und des Pflanzenschutzes, weil die wirtschaftliche Bedeutung dieser Schädlinge so groß ist. Bedenken wir, daß im Jahre 1891 allein der preußische Staat durch Getreiderostschädigungen mehr als 400 Millionen Mark an Nationalvermögen eingebüßt hat! Die Bekämpfung der Krankheiten wird aber immer noch eine mehr oder weniger empirische bleiben, solange die Beziehungen zwischen dem Entwicklungsgang der Erreger und dem Krankheitsverlauf im Wirte nicht völlig aufgeklärt sind.

Wenden wir uns zunächst den Brandkrankheiten zu.

Unter dem Namen „Brand“ werden die verschiedensten pathologischen Erscheinungen zusammengefaßt, welche durch Mitglieder der großen Gruppe der Ustilagineen an Gräsern, insbesondere unseren Getreidepflanzen, hervorgerufen werden. Die Wirte der Brandpilze sind überhaupt nur auf Phanerogamen beschränkt. Jedem Brandpilz ist seine bestimmte Nährpflanze eigen, ebenso charakterisiert ihn eine eigene Lebensweise. Verschieden ist auch die Art des Befalls. Teils dringen die Keimschläuche der Konidien in die Blüten ein, wo sie mitunter nur in Stempeln und Staubbeuteln, mitunter in den Früchten oder Samen zur Entwicklung gelangen, — teils, und das geschieht in der Regel seltener, nehmen sie ihren Weg durch Wurzeln, Stengel und Blätter.

Die Brandsporen sind sehr zählebige Verbreitungsorgane, die mehrere Winter überdauern können; ja selbst in der größten Trockenheit behalten sie ihre Keimfähigkeit noch bei. Unter günstigen Bedingungen, dazu gehören vorzüglich anhaltende Luft- und Bodenfeuchtigkeit, keimen sie zu kräftigen Schläuchen aus, die man Promycelien genannt hat. (Vgl. Fig. 8, 3.) Entweder gelingt es dem Keimschlauch selbst, direkt die Pflanze zu infizieren, oder aber er schnürt an seinem Ende oder seitlich Konidien ab, die wieder für eine weitere Verbreitung Sorge tragen. Die Infektion geschieht in der Weise, daß sich der Schlauch durch die Oberhautzellen in das Gewebe einbohrt und fernerhin den Wirt von seinem Mycel durchwuchern läßt. Gewöhnlich sind es die jungen Keimpflanzen, welche zumeist dem Angriff des Parasiten ausgesetzt sind. Wächst das Pilzgeflecht in ihren Stengeln fort, so finden wir es vorzugsweise in den Interzellularräumen. Die Zerstörung der Gewebe tritt bald ein, nachdem sich der Pilz zur Sporenbildung angeschickt hat. Letztere geschieht durch Zergliederung und Abschnürung der Mycelfäden in einem für jede Brandart bestimmten Organ der Wirtspflanze. In kurzer Zeit wird dasselbe in eine schwärzliche oder braune Sporenmasse umgewandelt, die entweder unter der Haut des ergriffenen Teiles hervorschimmert oder frei auf der Oberfläche sichtbar wird. Die massenhafte Bildung der Sporen, die der leiseste Windhauch weitertreibt, erklärt die rapide Verbreitung des Schädlings. Teils durch Saatgut, an dem oberflächlich Sporen haften, teils durch Dünger, in dem sich brandiges Stroh befindet, wird die Krankheit von Jahr zu Jahr wieder auf das Feld verschleppt. Neuerdings nimmt man auch an, daß nicht nur in der beschriebenen Weise überwinterte Sporen von außen her sich Eingang in die Pflanzen verschaffen können, sondern daß bei vorjährigen Infektionen von Blüten in den Fruchtknoten gelangtes Mycel die Krankheit in die Saatkörner verschleppen kann (Brefeld, Hecke). Zu Beginn der nächsten Vegetationsperiode soll sich dann das Mycel weiter entwickeln und die bekannte Bildung der Sporen herbeiführen. In der Tat ist die Berechtigung dieser Annahme bei Blüteninfektionen durch Flugbrand erwiesen worden.

Auf Grund unserer bisherigen Kenntnisse empfiehlt es sich, nur reines Saatgut zu verwenden, und wenn das nicht angeht, die Saatkörner zu beizen oder die ihnen aufliegenden Brandsporen durch Heißwasserbehandlung und andere Methoden abzutöten (vgl. S. 146). Auch ist darauf zu achten, daß nur solcher Stalldünger auf das Feld gebracht wird, der brandfreies Stroh enthält.

Auf einige Brandarten soll hier näher eingegangen werden.

Der Steinbrand (Stink- oder Schmierbrand) findet sich besonders auf dem Weizen, daneben kommt er auch noch auf Spelt und Emmer vor. Die brandigen Ähren sind bei der Reife deutlich von den gesunden unterschieden (vgl. Fig. 8). Jene sind nicht selten länger als die körnertragenden und ihre Spelzen sind meist mehr gespreizt. An den kranken Ähren sieht man die Brandkörner schon durch die Spelzen dunkel hervorschimmern. Diese Körner haben wohl ihre Schalen noch erhalten, ihr Inneres enthält aber anstatt des Mehles die schwarzen Massen der Brandsporen. In frischem Zustande riecht der Brandstaub kräftig nach Heringslake.

Fig. 8. 1. Weizenähre an Steinbrand erkrankt. 2. Brandkorn. 3. Keimende Brandspore. 4. Brandspore.

Fast auf jedem Weizenfelde lassen sich Brandähren beobachten. Tritt die Erscheinung schädigend auf, so kann sie bis zu 50% Ausfall verursachen. Als Erreger der Krankheit sind die beiden Pilze Tilletia caries Tul. u. Tilletia laevis bekannt. Befallen werden ausschließlich die jungen Keimpflänzchen, durch deren Oberhautzellen die Keimschläuche der Sporen eindringen. In den Stengeln wächst das Mycel dann weiter, bis es in den Früchten zur Sporenbildung übergeht.

Auf Hafer, Gerste und Weizen treten auch Arten des Flug- oder Staubbrandes auf. An Stelle der Blüteninhalte werden an Rispen und Ähren die schwarzen Massen des Brandpulvers wahrgenommen (vgl. Fig. 9). Zuweilen kommt es auch vor, daß der Brandstaub der einzelnen Blütchen noch von der Haut der umgebenden Spelze umschlossen ist, eine Erscheinung, die bei der Gerste ziemlich lange anhält. Ist dieses Häutchen abgefallen, so wird das Pulver bald von Wind oder Regen hinweggetragen, so daß nur die kahle Ährchenachse übrigbleibt. — Beim Weizenstaubbrand, welcher im allgemeinen seltener auftritt, zeigen mitunter auch die Blätter Brandstreifen. Sein Erreger ist Ustilago Tritici (Pers.) Jens. Bei Hafer und Gerste unterscheidet man zwei Arten: den „nackten" und den „gedeckten" Flugbrand, je nachdem die Spelzen die Brandmassen umhüllen oder dieselben frei (nackt) die Blüten überdecken. Bei dem sehr häufigen nackten Haferbrand, der durch Ustilago Avenae Pers. hervorgerufen wird, bleiben gewöhnlich nur die Äste der Rispen mit den Resten der Spelzen übrig. Mitunter begegnet uns der Fall, daß an einer Rispe der untere Teil von Brandsporen erfüllt ist, während der obere gesunde Körner trägt. Als Erreger des gedeckten Haferbrandes bezeichnet man Ustilago Kolleri Wille.

Fig. 9. Flugbrandkranker Halm.

Ebenso wie für den Weizenflugbrand ließ sich für den Gerstenflugbrand feststellen, daß die Keimfähigkeit der Sporen schon nach kurzer Zeit, meist schon nach wenigen Monaten aufhört. Um so plausibler erscheinen daher die erwähnten Untersuchungen von Brefeld und Hecke, welche erweisen, daß Mycel innerhalb der Körner — entstanden durch Infektion der Blüten — die Krankheit in das nächste Jahr hineinträgt. Die Erreger der Gerstenflugbrände sind Ustilago nuda Hordei Jens. und Ustilago tecta Hordei Jens.

Während die bisher beschriebenen Brände, insbesondere in den Ähren und Rispen sichtbar erscheinen, ist für eine Brandkrankheit des Roggens, die der Pilz Urocystis occulta

Rabh. hervorruft, charakteristisch, daß in den jüngeren Halmgliedern, sowie an Blattscheiden, Blättern und Spelzen langstreifige Anschwellungen erscheinen, welche bald aufreißen und dann das schwarze Brandpulver zutage treten lassen. Die Ähren solcher Pflanzen, welche an Roggenstengelbrand leiden, verkümmern gewöhnlich, Körner gelangen überhaupt nicht zur Entwicklung. Das Eindringen der Keimschläuche findet zumeist durch die Oberhautzellen statt. Die Sporenbildung erfolgt in den der Membran zunächstliegenden Gewebepartien der Blattrippen.

Auch am Mais verursacht eine Ustilaginee Schädigungen. Sie ist unter dem Namen Mais- oder Beulenbrand (Ustilago Maydis Lév.) bekannt. Das Auftreten dieses Pilzes zeigt sich an den verschiedensten Organen der Maispflanzen. Insbesondere an den Blütenständen lassen sich die „beuligen" Auftreibungen, unter denen sich die Brandmassen bilden, wahrnehmen. Bevorzugt sind die weiblichen Kolben. Körner kommen an den befallenen Teilen nur selten zur Entwicklung, dagegen sieht man zusammenhängende Beutel von blasser Färbung und unregelmäßiger Gestalt — aus denen das schwarze Pulver ausstäubt. Seltener kommt der Maisbrand an den Blättern und Rispenästen, den männlichen Blüten oder gar an Wurzeln vor. Dann treten gewöhnlich auch an diesen Organen äußerlich blasige Anschwellungen auf, welche mitunter beträchtliche Größe erreichen. Das Eindringen der Keimschläuche geschieht entweder in die jungen Keimpflänzchen oder aber in noch nicht fertig ausgebildete Organe älterer Pflanzen. Das Mycel des Beulenbrandes erregt zuerst Gewebewucherungen, die aber infolge der Sporenbildung mit der Zeit der Zerstörung anheimfallen.

Nur erwähnen wollen wir an dieser Stelle noch, daß auch die Hirse ihren eigenen Brand besitzt, welchen der Brandpilz Ustilago destruens Schlechtd. hervorruft.

Nicht nur hier bei Behandlung der Getreidekrankheiten, sondern auch überall späterhin werden wir die Rostpilze (Uredineen) als besonders bösartige Feinde der Pflanzenwelt kennen lernen. Gefäßkryptogamen in gleicher Weise wie Phanerogamen werden von ihnen heimgesucht. Ebenso wie die Brandpilze sind diese Parasiten endophyte, d. h. in die inneren Gewebe eindringende Bewohner der oberirdischen Organe, zumal der Stengel und Blätter. — Bekanntlich treten die meisten Uredineen in mehreren Sporenformen auf. Außer denjenigen Rostpilzen, deren Sporengenerationen nur auf einer Nährpflanze vorkommen, gibt es eine große Zahl, welche in ihrem Entwicklungsgang einen Wirtswechsel durchmachen („heterökische“ Roste). Seit der Entdeckung de Barys (im Jahre 1864), welcher mit Hilfe von Infektionsversuchen nachwies, daß die Äcidien des Berberitzenstrauches zum Getreideroste Puccinia graminis (vgl. Fig. 10) gehören, hat man mit regem Eifer den Zusammenhang verschiedener auf getrennten Nährpflanzen lebender Uredineen nachgeprüft und feststellen können. Klebahn, der bei Aufsuchung dieser Erscheinungen besonders erfolgreich war, hat in jüngster Zeit in einem großen Werke die „wirtswechselnden Rostpilze“ monographisch bearbeitet. Nach seiner Angabe sind bereits 150 Fälle auf verschiedenen Wirten lebender Roste bekannt, deren Zusammengehörigkeit experimentell festgestellt worden ist.

Die Sporen, denen die Aufgabe zufällt, den Rost in die kommende Vegetationszeit hinüberzuführen, heißen Teleutosporen (Dauersporen) (s. Fig. 11 a, b). Dieselben sind sehr resistent und mehrzellig (sie besitzen dicke, braune Membranen), und können den Winter gut überdauern. Sie führen daher auch den Namen „Wintersporen“. Im Frühling keimen sie zu ähnlichen Bildungen wie die Promycelien der Brandpilze aus, welche bestimmte der Verbreitung der Parasiten dienende Zellen (Sporidien) an ihren Enden abschnüren (Fig. 11c). Während verschiedenen Rostpilzen nur diese eine Art der Fortpflanzung eigen ist, vermag das Mycel der in die Wirte eingedrungenen Sporidien auch eine andere Sporenform zu bilden, welche während der Vegetationszeit die Vermehrung übernimmt: es sind die Uredosporen (s. Fig. 11d). Dieselben vermehren sich äußerst rasch und überziehen in rotbraunen Polstern die infizierten Pflanzenteile. Die Membranen dieser „Sommersporen“, wie sie auch genannt werden, sind nur einzellig, von dünner Haut umgeben und rasch keimfähig, überhaupt an eine äußerst schnelle Verbreitung angepaßt.

Wo in der Entwicklung einer Uredinee die bereits erwähnte „Äcidienform“ auftritt, haben wir es, je nachdem ein Sproß- oder ein Blatteil befallen ist, mit einem unter der Rinde oder den Oberhautzellen eingesenkten Gebilde zu tun. Auf einer runden Unterlage erheben sich eine Menge parallel und dicht nebeneinander stehender Sporenträger, an denen die „Äcidiosporen“ abgeschnürt werden. Die peripherisch gelegenen Sporen sind gewöhnlich zu einer das ganze Pilzgewebe umgebenden Hülle, der Peridie, verwachsen. Bei der Reife des Äcidiums platzt die Peridie auf und entläßt die Äcidiosporen. Manche Rostpilze bilden keine Peridien. Ihre sporogenen Gebilde werden dann als „Cäoma“form bezeichnet (z. B. beim Rosenrost). Der Bildung der genannten Behälter von Sporen gehen zumeist noch Entwicklungen von kleineren, bei Blättern gewöhnlich auf der Unterseite eingesenkten Pilzgehäusen (Pykniden oder Spermogonien) voraus, welche auch Sporen (Pyknosporen) entstehen lassen, denen aber Keimfähigkeit abgeht. Bei wirtswechselnden Uredineen kommt es gelegentlich vor, daß die Äcidiumform im Entwicklungsgange überschlagen wird.

Verschiedenartig sind die krankhaften Gewebeänderungen, welche die Rostpilze an ihren Wirtspflanzen hervorrufen. Einmal finden wir Zellen, die von den Parasiten vollständig ausgesogen werden. Erwähnt sei, daß die Nahrungsaufnahme teilweise durch bestimmte Saugorgane, „Haustorien“, erfolgt, welche von dem in den Interzellularen wuchernden Mycel aus in die Zellen hineinwachsen. Unter dem Mikroskop kann man dann erkennen, daß der Zelleib geschrumpft ist, und daß vorhandene Stärkekörner aufgelöst sind. Die Chlorophyllkörner erscheinen als kugelige, gelbliche Gebilde.

In dieser Weise ausgezehrte Pflanzenteile haben gewöhnlich ein gelbliches, vertrocknetes Aussehen. — Andere pathologische Veränderungen zeigen sich an Sproßorganen. An ihnen werden Gewebewucherungen, ähnlich den Gallenbildungen, hervorgerufen, die den ergriffenen Pflanzenteilen ein unregelmäßiges, mißgebildetes Aussehen verleihen. Die Reife des in den Geweben lebenden Pilzes tritt gewöhnlich mit dem Höhepunkt der Entwicklung des Wuchergewebes ein. Sobald der Parasit seine Lebenstätigkeit einstellt, geht dann das „hypertrophierte“ Gewebe auch bald ein.

Das Auftreten von Rostkrankheiten wird besonders durch große andauernde Feuchtigkeit begünstigt. Gegenden, welche infolge ihrer klimatischen Lage reichlich Nebel und Tau ausgesetzt sind, erweisen sich im allgemeinen als äußerst rostreich. Auch in nassen Sommern ist die Infektion der Kulturgewächse mit Rostsporen eine erheblich größere als in trockenen Jahren.

Erfolgreiche Maßnahmen zur Ausrottung der Roste gibt es zurzeit noch nicht. Sollte sich eine von dem schwedischen Forscher Eriksson aufgestellte Hypothese als richtig erweisen, dann würden die bei vielen Getreidekrankheiten eingeführten Beizungsverfahren der Saatkörner mit Kupferkalkmischungen erklärlicherweise erfolglos sein. Eriksson nimmt nämlich an, daß — ähnlich wie es bei den Brandkrankheiten besprochen wurde (vgl. S. 34) — eine Verschleppung des Rostes in die Zellen des Saatkorns stattfindet. Im Plasma der Zellen des Wirtes soll sich, in inniger Mischung mit diesem, das Pilzplasma befinden. Eriksson hat solch ein Plasmagemisch das „Mykoplasma“ genannt. Weiterhin sprach sich der erwähnte Forscher dahin aus, daß Haustorien von Rosten in

Fig. 10. Schwarzrost (Puccinia graminis).

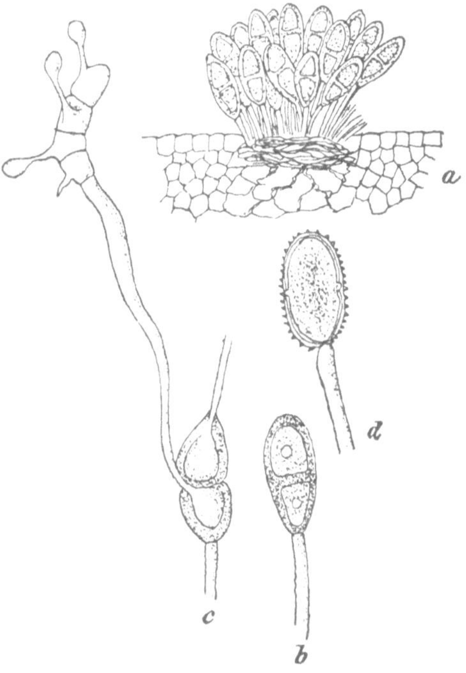

Fig. 11. Puccinia graminis. a) Teleutosporenlager, Querschnitt durch einen Getreidehalm. b) Teleutospore. c) Keimende Teleutospore mit der vier Konidien abschließenden Baside. d) Uredospore. (Sämtlich vergrößert.)

den Saatkörnern vorhanden seien. Untersuchungen von Klebahn, P. Magnus, Aderhold u. a. widersprechen der Erikssonschen Hypothese. — Zur Bekämpfung der Roste haben einige Autoren den Anbau widerstandsfähiger Getreidesorten empfohlen. Leider hat sich aber vielfach gezeigt, daß sich Rostpilze nach Verlauf einiger Jahre auch an sie gewöhnen.

Einigen Getreiderosten wollen wir besondere Aufmerksamkeit schenken. Unter ihnen wohl der verbreitetste, der Getreidehalmrost (Puccinia graminis Pers.), auch Schwarzrost genannt, kommt auf Roggen, Hafer, zuweilen auch Gerste und auf verschiedenen Wiesengräsern vor (s. Fig. 10 u. 11). Weniger charakteristisch für ihn sind seine rotbraunen Uredolager, die denen der später beschriebenen Rostpilze sehr ähnlich sind. Dagegen kennzeichnen ihn seine Teleutosporenlager sehr gut. Sie sind hauptsächlich auf den Blattscheiden und den Halmen anzutreffen. Bisweilen gehen sie auch bis in die Ähren hinauf. Die heimgesuchten Teile werden von ihnen in längeren Strichen von tiefschwarzem Aussehen überzogen, welches von den rostroten Uredohäufchen, aus denen später die Dauersporen hervorkommen, sehr deutlich absticht. An der Stelle, wo die Teleutosporen die Epidermis durchbrechen, ist stets eine farblose Stielzelle mikroskopisch wahrnehmbar, auf der die Sporen sitzen. Während die Uredosporen mit den abfallenden Pflanzenteilen zugrunde gehen, überwintern, wie bereits erwähnt, die Teleutosporen. Im Frühling keimen dieselben zu den beschriebenen Promycelien mit ihren Sporidien aus. Deren Keimschläuche dringen in einen anderen Wirt, den Berberitzenstrauch (s. S. 36, 115), ein, und die dort entwickelte Sporenform überträgt die Krankheit von neuem auf die Getreidepflanzen.

Ein anderer Rost, der Getreideblattrost, auch Gelbrost (vgl. Tafel Fig. 2a), wird hervorgerufen durch Puccinia glumarum Eriks. und Henn. Seine Uredohäufchen sind gelb gefärbt und überziehen die Getreideblätter in langen Strichen. Die später neben ihnen entstehenden Teleutosporenlager durchbrechen die Oberhautzellen nicht, weshalb jene nicht so schwarz gefärbt wie die des Schwarzrostes erscheinen; vielmehr sehen sie wie grauschwarze Flecken aus. Der Gelbrost ist von Kulturgräsern nur auf Roggen, Gerste und Weizen beschränkt. Auch auf Unkrautgräsern, wie Bromusarten, ist er häufig zu finden. Besonders gefährlich ist der Pilz, wenn er in die Ähren eindringt. Die zugehörige Äcidienform ist noch nicht festgestellt worden.

Der Braunrost (Puccinia dispersa Eriks.) äußert sich in braunen, unregelmäßig auf der Blattfläche verteilten Sommersporenhäufchen (vgl. Tafel Fig. 2b). Wie bei der Puccinia glumarum sind auch hier die Wintersporenlager von den Oberhautzellen überdeckt. In Gestalt schwarzer Punkte und kleiner Striche treten sie auf der Unterseite hervor. Die Äcidienform findet sich auf Anchusaarten. Besonders der Roggen wird von der Puccinia dispersa heimgesucht. Ein der letzteren nahe verwandter Pilz ruft unter ähnlichen Erscheinungen auch am Weizen Braunrost hervor.

Besondere Erwähnung verdient noch der Kronenrost (Haferblattrost, Puccinia coronifera Avenae Kleb.), der von Getreidepflanzen nur auf Hafer vorkommt. Äußerlich ist er den zuletzt beschriebenen Rosten ziemlich ähnlich. Ein mikroskopisches Kennzeichen haben seine Teleutosporen darin, daß an ihrem Scheitel stachliche Fortsätze angebracht sind. Die Äcidiumgeneration des Kronenrostes hat den Faulbaum (Rhamnus cathartica) zum Wirt (s. S. 115).

Eine Pilzkrankheit, unter welcher insbesondere der Weizen mitunter stark zu leiden hat, ist der Meltau. Auch auf Hafer, Gerste und vielen Wiesengräsern kommt sie vor. Hervorgerufen wird diese Erscheinung durch den Ascomyceten Erysiphe graminis Lév., dessen Mycel vornehmlich die Oberseite der unteren Blätter und die Blattscheiden mit dünnen, weißen Überzügen bedeckt. Mikroskopisch erkennt man eine Reihe dicht nebeneinander stehender, in Ketten abgeschnürter Konidien (vgl. Fig. 5,1). Sie übernehmen die Verbreitung der Krankheit während des Sommers, weshalb man sie auch als „Sommersporen" bezeichnet. Die Fäden des Mycels vermögen direkt nicht in das Blattgewebe einzudringen, vielmehr werden bei Berührung mit dem Substrat kleine Saugorgane (Haustorien) gebildet, welche in die Zellen hineinwachsen. Mit der Zeit werden die Mycelpolster auf den Blättern immer dichter und kleine schwarze Pünktchen werden sichtbar. Sie stellen die zweite Fortpflanzungsgeneration des Meltaues dar. Unter dem Mikroskop sieht man kleine Kapseln, die Perithecien des Pilzes (Fig. 5,2). Da dieselben überwintern, hat man die aus ihren Schläuchen entstandenen Ascussporen, welche die Krankheit in die nächste Vegetationszeit hineintragen, „Überwinterungssporen" genannt. Außer der Vernichtung der Stoppel, auf welcher die Perithecien überwintern, empfiehlt sich als Verhütungsmaßnahme Wechsel in der Halmfrucht herbeizuführen. Untersuchungen von *Salmon* und *Marchal* haben nämlich gezeigt, daß sich im Laufe der Zeit „Gewohnheitsrassen" der Erysiphe gebildet haben, welche nicht von einer Getreideart auf die andere überzugehen vermögen.

Fig. 12.
Ähre mit Mutterkorn.

Zuweilen begegnet uns auf Roggen-, Weizen- und Gerstenfeldern die Erscheinung, daß in den Ähren an Stelle von Körnern schwarz-violette, hornartig aussehende, gekrümmte Gebilde (Fig. 12) sichtbar werden. Solch ein anormal aussehendes Korn führt die Bezeichnung „Mutterkorn". Es stellt nichts anderes dar, als ein zum Sclerotium (S. 18) gewordenes Pilzgeflecht. Die Sporen des Pilzes (Claviceps Purpurea Tul.) gelangen in die Blüten und entwickeln sich im Fruchtknoten. Seine Gestalt wird dadurch länglich und die ihm aufsitzenden Narben beginnen zu schrumpfen. Bei weiterer Entwicklung kann man beobachten, daß der untere Teil dieses Gebildes vollständig von dem weißen Hyphengeflecht des Claviceps erfüllt ist, während durch das rasche Wachstum des Mycels die noch deutlich erkennbare Fruchtknotenkammer nach oben gerückt ist. Da der Pilz die Gewebe des Fruchtknotens zu seiner Nahrung verwendet, bleibt bald nichts mehr von demselben übrig. Ein dichtes, weißgraues, noch weiches Mycel erfüllt jetzt den ganzen zwischen den Spelzen gelegenen Raum. Auf der Außenseite des eigenartigen Gebildes werden nunmehr Fäden, welche Konidien abschnüren, sichtbar. Man hat diesen Zustand früher, wo der Entwicklungsgang des Parasiten noch nicht klar aufgedeckt war, als Sphacelia segetum Lév. beschrieben. Während die Sporenbildung vor sich geht, scheidet der Pilz ein kleberiges Sekret von süßlichem Geschmack, „Honigtau" genannt, ab, das in großen Tropfen aus den Spelzen hervorquillt. In ihm befinden sich in Massen die Konidien des Pilzes. Nachdem die Konidienbildung allmählich beendet ist, kommt es zur Bildung des eigentlichen Mutterkorns. Dieses nimmt am Grunde des Lagers der Sphacelia (Fig. 12) seine Entstehung, von der nur noch in Gestalt eines kleinen Mützchens Reste auf dem durch innige Verwachsung von Hyphen entstandenen Sclerotium aufsitzen. Dieses „Mutterkorn" ist ein harter Körper, außen schwarz-violett, innen von weißlicher Färbung. Er ist der Überwinterungszustand des Claviceps. Gleichgültig ob er bei der Ernte auf den Boden oder unter die Getreidekörner gelangt, bleibt er lebensfähig, um im Frühjahr unter günstigen Bedingungen auszukeimen. Dieser Akt geht in folgender Weise vor sich (vgl. Fig. 13 a—e): Aus dem Sclerotium brechen verhältnismäßig lange, weißliche Stiele hervor, auf denen rundliche Köpfchen sich entwickeln, welche die Perithecienfrüchte enthalten. Ein Querschnitt durch solch ein Köpfchen zeigt uns eine Menge symmetrisch an der Peripherie verteilter kleiner flaschenförmiger Einsenkungen, in ihnen werden Schläuche, welche Ascussporen enthalten, entwickelt, die dann im Reifezustande aus den Mündungen der Einsenkungen zur Weiterverbreitung des Pilzes hervortreten. Gewöhnlich sind an den Stellen, wo die Mündungen der einzelnen Perithecien liegen, auf der Außenseite des Köpfchens kleine Buckel wahrnehmbar.

Abgesehen von der schädlichen Einwirkung des Claviceps auf die Getreidepflanzen, bei welchen infolge des Befalls auch selbst die nicht ergriffenen Blüten schwächere Körnerbildung zeigen, ist das Mutterkorn auch für den menschlichen und tierischen Körper zu einer großen Gefahr geworden. Der Genuß von Brot, dessen Mehl Mutterkorn beigemengt war, hat häufig Gliederkrämpfe und Entzündungsgeschwülste an Gelenken hervorgerufen, eine Krankheit, der man den Namen „Kriebelkrankheit" beigelegt hat. Seit dem 16. Jahrhundert sind sogar durch das Mutterkorn hervorgerufene Epidemien bekannt. Infolge der schädlichen Wirkungen dieser Sclerotien werden sie jetzt stets sorgfältig von den zum Vermahlen bestimmten Körnern entfernt. Auch vom Saatgut müssen sie gesondert werden. Es ist überhaupt ratsam, das auf dem Halme stehende Getreide beizeiten auf Mutterkorn abzusuchen. —

Es sollen nun zwei Krankheiten geschildert werden, bei welchen zwei verwandte Pilze, der eine am Weizen, der andere am Roggen, unter ähnlichen Erscheinungen Halmgrundschädigungen und dadurch den Tod der Pflanzen hervorrufen.

Der erstere, Ophiobolus herpotrichus Sacc., von Frank Weizenhalmtöter genannt, zerstört unter Schwärzung des Halmgrundes die bereits in Ähren stehenden Weizenpflanzen. Dieselben werden gewöhnlich vorzeitig notreif

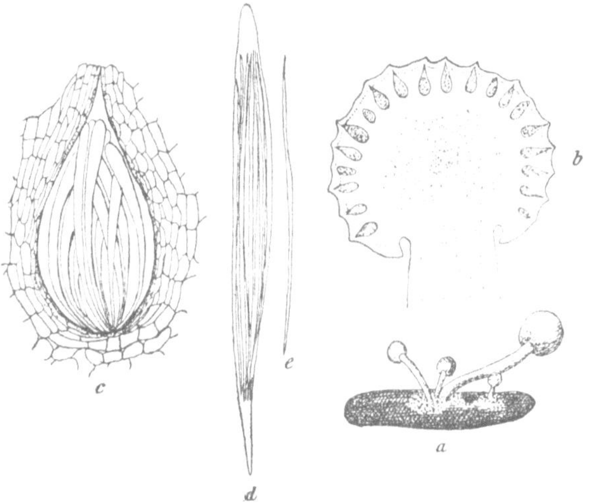

Fig. 13. **Claviceps purpurea.**

a) Keimendes Mutterkorn. b) Längsschnitt durch ein Köpfchen des Fruchtkörpers. c) Perithecium im Längsschnitt. d) Ascus mit 8 Ascussporen. e) Ascusspore. (b—e vergrößert.)

und die Körner werden so gut wie gar nicht weiter entwickelt. Aus dem Halmgrund geht das Mycel in die Wurzeln über, die sich ebenfalls stark schwärzen und mit der Zeit absterben. Damit ist auch das Leben des ganzen Halmes beendigt. Die Überwinterungsform des Pilzes befindet sich auch hier auf der Stoppel. Ganz ähnlich sind die Zerstörungen der Leptosphaeria herpotrichoides de Not. am Roggen. Auch beim Roggenhalmbrecher, so nennt Frank diesen Pilz, werden die Halme vorzeitig weiß, Notreife tritt ein und die Körnerbildung bleibt zurück. Im Juni beobachtet man das Umknicken und Abbrechen der Halme am Grunde. Mitunter kann ein ganzes Feld durch den Schädiger zugrunde gerichtet werden. Wie bei der eben beschriebenen Schädigung des Weizens geht auch diese Krankheit nicht auf die oberen Teile der Pflanzen über. Bereits im Frühjahr läßt sich nachweisen, daß am jungen Winterroggen die äußeren Blattscheiden mycelhaltig und die ältesten Blätter abgestorben sind. Von dort aus bricht sich das Mycel des Pilzes bis zum Halmgrunde Bahn und, nachdem es die Pflanzen zum Absterben gebracht hat, kommt es auf den umgefallenen Pflanzen zur Entwicklung zahlreicher kleiner schwarzer Kapseln, welche wie Punkte aussehen und nichts anderes sind als die Perithecienfrüchte der Leptosphaeria. Von der Stoppel geht der Pilz dann wahrscheinlich auf die Wintersaat über. Im allgemeinen ist das Krankheitsbild der durch die Hessenfliege (S. 51) hervorgerufenen Schädigung sehr ähnlich.

Eine andere Krankheit, bei der die oberen Teile des Getreides geschwärzt erscheinen, dürfte noch erwähnenswert sein. Die Ähren, insbesondere die Spelzen, die Blätter und auch das Stroh erhalten auf ihrer Oberfläche schwärzliches Aussehen, indem auf den Oberhautzellen unregelmäßig verteilte schwarze Stellen oder kleine schwarze Punkte auftreten. Die Erscheinung wird durch einen Pilz, Cladosporium herbarum Link, hervorgerufen, dessen Lebensweise vornehmlich saprophytisch ist. So finden wir ihn zumeist auf bereits gemähtem Getreide. Lebende Pflanzen greift er nur dann an, wenn sie durch Witterungseinflüsse (anhaltende Feuchtigkeit, Sommerdürre) vor der Reife geschädigt oder vorzeitig zum Absterben gebracht worden sind. Der Schwärzepilz ist also nur als sekundärer Schädling aufzufassen. Die in der Luft in Massen verbreiteten Sporen des Cladosporium werden auf das Getreide geweht und keimen dort unter den genannten begünstigenden Umständen bald aus. Das Mycel dringt in die Wirtszellen rasch ein und tötet sie ab. Das befallene Gewebe wird schwarz und späterhin treten dunkle aufrechte Fäden mit Konidienabschnürungen hervor. Zu der Konidienform gehört auch noch eine Peritheciumform, welche früher als Pleospora beschrieben wurde.

Zu den Schwärzepilzen wird ferner noch ein Schädling, das Helminthosporium gramineum Rabh., gerechnet, welches die Blattbräune oder Streifenkrankheit der Gerste hervorruft. Sowohl in der Mitte als auch am Rande der grünen Gerstenblätter erscheinen parallel zu den Längsnerven dunkelbraune, lange Streifen, welche, von einem helleren Rande umgeben, deutlich aus dem Blattgrün hervortreten. Man unterscheidet außer dieser Blattbräune, von welcher das Blatt total befallen wird, noch eine ähnliche, durch ein anderes Helminthosporium hervorgerufene, bei der nur isolierte längliche Flecke, aber nirgends in streifenförmiger Anordnung, auf der Blattfläche entstehen. Bei der ersteren Art werden die Blätter gewöhnlich beim Absterben faserig und zerschlitzt. Man nimmt an, daß die Saatkörner bereits mit dem Helminthosporium infiziert sind. Bei der Aussaat keimen die Konidien auf den Körnern aus und das Mycel dringt besonders in die Vegetationspunkte ein, wobei schon alle Blätter der jungen Pflanzen angesteckt werden.

Eine weitere Gruppe von Pilzen, die man unter dem Namen Getreide- oder Weizenblattpilze zusammenfaßt, seien hier noch kurz erwähnt: Leptosphaeria Tritici Pass., Ascochyta graminicola Sacc., Septoria, Sphaerella exitialis Morini u. a. Ihre Überwinterungsformen verschleppen die Krankheit ins neue Jahr und bereits das junge Getreide (insbesondere der Weizen) kann schon im Frühling zugrunde gerichtet werden. Bei dieser Erscheinung werden die Blätter, von den ältesten zu den jüngsten fortschreitend, gelb und vertrocknen. Wächst indessen der Halm dennoch heran, so gehen auch hier wieder Blätter und auch Spelzen ein und Notreife tritt ein. Innerhalb der Blattgewebe lassen sich die Perithecien einzelner dieser Pilze in Gestalt sehr feiner dunkler Punkte beobachten.

Groß ist auch die Zahl der am Getreide vorkommenden *tierischen Parasiten*. Unter ihnen werden uns vielfach einige den Ringelwürmern (und zwar Nematoden) angehörige Gruppen, die sogenannten „*Älchen*“, beschäftigen (Fig. 14). Trotz ihrer Unscheinbarkeit ist ihr Körper doch so weit mit Organen ausgerüstet, daß sie vermöge deren Tätigkeit ihren Wirten tödlichen Schaden zufügen können. Sie besitzen wohlausgebildeten Mund, Darm und After. Die in dünnen Häuten befindlichen Eier zeigen bereits, wenn sie reifen, den wurmartigen Embryo. Zunächst entwickeln sich die austretenden Jungen zu geschlechtslosen Larven, welche sich erst im Organismus des Wirtes nach einigen vorausgehenden Häutungen geschlechtlich differenzieren. Die Wurmlarven leben anfangs im Erdboden. Hier treffen wir auch nichtparasitierend lebende Humusälchen an. Von letzteren unterscheiden sich die Schmarotzerälchen durch den Besitz eines Mundstachels, vermittels dessen sie die Säfte der befallenen Pflanzen einsaugen. Bei den

Fig. 14. Getreidestockälchen (Tylenchus devastatrix). Ei mit Wurmembryo und ausgeschlüpftem Älchen.

Getreidekrankheiten beschäftigen uns insbesondere die Stockälchen (Tylenchus devastatrix [Dipsaci] Kühn). Diese kleinen, bis zu $1^1/_2$ mm großen Organismen halten sich in Blättern und Stengeln auf, und zwar vornehmlich in solchen, welche sich in der Nähe des Erdbodens befinden. Die befallene Pflanze bleibt auffallend im Wachstum zurück und ihre Organe erscheinen infolge der durch die Älchen hervorgerufenen Anschwellung verkürzt und dick. Auch die Blätter werden deformiert. In den Geweben des Wirtes kann man die Älchen und ihre Eier in verschiedenen Entwicklungszuständen vorfinden. Die jungen Älchen begeben sich aus den getöteten Pflanzenteilen wieder in die Erde, um bald von neuem an anderen Wirten Schaden anzurichten. In zahlreichen Untersuchungen haben J. Kühn und Ritzema Bos den Nachweis erbracht, daß die Älchen im Wirtswechsel leben. Bis jetzt sind einige 50 Pflanzenarten bekannt, welche sie unter Hervorrufung charakteristischer Krankheitserscheinungen befallen. Immerhin konnte erwiesen werden, daß die Tylenchen immer bestimmte Wirte vor anderen Befallspflanzen bevorzugen.

Als Angreifer von Roggen und Hafer ist der Tylenchus devastatrix schon lange bekannt. In den untersten Halmgliedern und den Blattscheidengründen findet man die Älchen vor. — Zu Beginn des Frühjahrs treten schon die ersten Symptome der Krankheit zutage. Nur selten kommt es noch zur Halmbildung. Die befallenen Pflanzen werden kaum größer als 15 cm. Charakteristisch für die „Stockkrankheit“ sind die wellenförmig gebogenen Blätter und die am Grunde abnorm stark entwickelten Bestockungstriebe.

Am Weizen ruft ein anderer Vertreter der Familie, das Weizenälchen (Tylenchus scandens Schneid.), eine Erkrankung hervor. Man beobachtet dann in den Weizenähren dunklere Körner, die sogenannten Radekörner.

Mehl enthalten dieselben nicht, dagegen befinden sich unzählige winzige Älchen (Larven des T. scandens), welche zu einer harten Substanz verbunden sind, vor. Die auf die Erde gelangten Radekörner, denen noch nach Jahren lebende Älchen entkriechen können, übertragen die Krankheit auf neue Nährpflanzen.

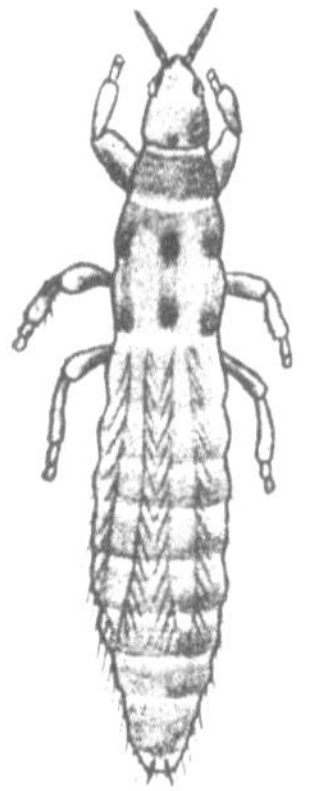

Fig. 15. Getreideblasenfuß (Thrips cerealium). (Stark vergrößert.)

Unter den am Getreide auftretenden Insektenkrankheiten sei zunächst eine Erscheinung genannt, die der Blasenfuß (Thrips cerealium Haliday) hervorruft. Dieses Insekt (vgl. Fig. 15) bewirkt an verschiedenen Getreidearten Abfallen der unteren Ährchen, so daß nur noch die Spindel übrigbleibt. — Während das Getreide in die Höhe schießt, kriechen die Blasenfüße am Halme aufwärts, bis sie zu den Blattscheiden gelangen, welche den Ähren vorausgehen. Dort saugen sie mit Hilfe ihrer rüsselförmigen Mundteile und borstenartigen Kiefern die Säfte aus den Geweben des Stengels. Man kann dann um die Blütezeit des Roggens fast immer ganze Felder vorfinden, bei denen die genannten Partien an den Blattscheiden in einer Ausdehnung von mehreren Zentimetern ringsherum gelb gefärbt erscheinen, während die zugehörigen Blätter vertrocknen. Die übrige Pflanze bleibt trotzdem grün und vollkommen gesund. Wenn nicht gerade der Angriff des Blasenfußes zu einer Zeit erfolgt, wo die junge Ähre noch nicht aus der Scheide heraus war, bleibt die Ährenentwicklung und der Körnersatz normal. Anderenfalls erfolgt eine kümmerliche Ausbildung von Körnern am unteren Teile der Ähren.

Auch eine Reihe von Fliegen und Mücken gehören zu den Getreidefeinden, indem nämlich ihre Larven (Maden) als Zerstörer der jungen Saaten auftreten. Das schädliche Treiben der Fritfliege (Oscinis frit L. und Oscinis pulsilla Meig.) (Fig. 16) veranlaßt bei jungen Roggen-, Gerste-, Weizen- und Hafersaaten Zurückbleiben im Wachstum. Im Herbst legen die 2—3 mm langen Fliegen ihre Eier einzeln an die Blattunterseiten der jungen Wintersaatpflanzen. Die nicht lange darauf zum Vorschein kommenden weißen Maden kriechen zwischen den Blattscheiden hindurch nach dem Wurzelknoten zu, wo sie sich niederlassen. Je nach dem Zeitpunkt des Befalls sind die durch die Fritfliege hervorgerufenen Erscheinungen verschieden. Durch das Zernagen der jungen Herzblättchen können die Pflanzen sehr rasch verfallen, dabei färben sich die Blätter gelb. War bereits Bestockung eingetreten, so kommt es vor, daß dieser oder jener Trieb noch lebensfähig bleibt. Dann gewinnen die Pflänzchen ähnliches Aussehen wie bei der Erscheinung, welche die Älchen hervorrufen, indem mehrere neue Stocktriebe gebildet werden, welche unten zwiebelartig anschwellen.

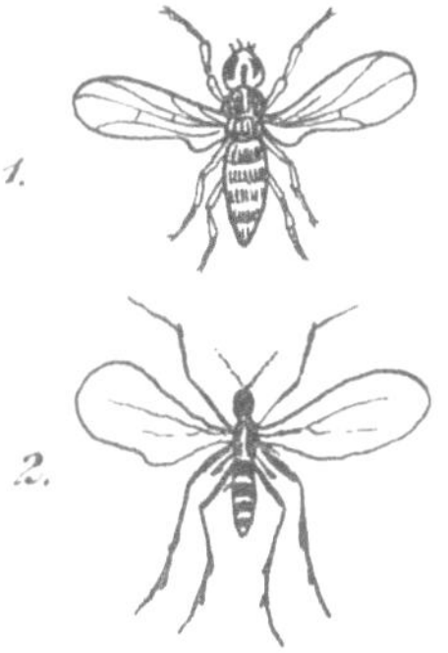

Fig. 16. 1. Fritfliege (Oscinis frit). 2. Hessenfliege (Cecidomyia destructor). (Stark vergrößert.)

Man erzählt, daß die Fritfliege ihren Namen von den Körnern her erhalten hat, die an den Befallpflanzen gewöhnlich leer und leicht ausgebildet werden und in denen die Püppchen des Insektes zu finden sind. Sie werden in Schweden als „Frit" bezeichnet, was leichte Ware bedeutet.

Gleichzeitig mit der Fritfliege wird ein dem Landmann ebenso bekannter Schädling, die Hessenfliege (Cecidomyia destructor Say, C. secalina Löw) (Fig. 16b), den jungen Winter- und Sommersaaten gefährlich. Ähnliche Maden

4*

wie die der Oscinis zerstören die jungen Pflänzchen, indem sie dieselben aufressen; da eine Ausheilung nicht stattfindet, rufen dann Wind und Regen vor der Ernte leicht Umknicken hervor. Durch das Verfaulen der Wirtspflanzen gelangen die Cecidomyiapuppen in den Boden, wo die Überwinterung stattfindet. Im nächsten Frühjahr kommt dann die Mücke zum Vorschein.

Den Namen Hessenfliege hat man diesem Insekt beigelegt, da angenommen wird, daß die bekanntlich von ihrem Landesvater nach Amerika verkauften hessischen Mietssoldaten mit dem mitgenommenen Stroh die Tierchen nach Nordamerika verschleppten, auf dessen Getreidefeldern sie häufig genug verwüstend auftraten.

Zur Bekämpfung der Fliegen empfiehlt es sich, einmal Fangpflanzen auszusäen (vgl. S. 143), durch welche die Vernichtung der Insekten erleichtert wird, dann aber insbesondere die Wintersaat erst zu besorgen, wenn die Eiablage, die gewöhnlich im September aufhört, an anderen gleichgültigen Pflanzen bereits stattgefunden hat. Ebenso muß die Sommersaat rechtzeitig erfolgen, damit beim Auftreten der Fliegen die Pflanzen bereits kräftiger geworden sind. Eine andere, besonders als Weizenschädling auftretende Fliege, die gelbe Halmfliege (Chlorops taeniopus Meig.), wird ebenfalls den jungen Saaten gefährlich. Dieselben bleiben im Wachstum zurück, eine Erscheinung, die von den gelben Maden der Fliege herrührt, welche unter Hinterlassung eines langen Fraßkanals ihren Weg vom ersten Halmknoten bis zu den Ähren genommen haben. Dieselben bleiben gegenüber normalen Pflanzen lange Zeit in den Blättern stecken.

Ein weiterer Weizenparasit ist die Weizengallmücke (Diplosis od. Cecidomyia Tritici Kirby), ein Insekt, das zuweilen erhebliche Beschädigungen hervorgerufen hat.

Die Mücken legen ihre Eier in den Blüten ab. Nach wenigen Tagen kriechen die Larven aus, welche einzelne Blütenteile, insbesondere den Fruchtknoten zerstören, wodurch die Körnerbildung beeinträchtigt wird. Nach der Ernte gelangen die Maden auf den Erdboden, in dem sie überwintern, um sich im folgenden Frühjahr zu verpuppen. Die Ausflugszeit der Mücken beginnt dann im Juli.

Noch eine stattliche Anzahl von Fliegen hat zwar für den Agronomen die größte wirtschaftliche Bedeutung, allein ihre Einwirkung auf den pflanzlichen Organismus bietet zu wenig Neues und für den Botaniker Interessantes, um sie hier zu beschreiben oder gar nur namentlich aufzuzählen. Ebenso zerstören die anderen in diesem Kapitel weiterhin noch aufgeführten Schädlinge das Getreide hauptsächlich durch Abfressen bestimmter Teile. Die dadurch entstehenden Wunden sind gewöhnlich entweder so schwer oder so zahlreich, daß ein Ausheilungsprozeß nicht mehr stattfinden kann. Unter diesen Organismen nennen wir beiläufig: die Getreidehalmwespe (Cephus pygmaeus L.), ein Insekt, dessen Larven alle Halmknoten von Roggen- und Weizenpflanzen bis zum Halmgrunde durchfressen. Die befallenen Pflanzen haben wohl auch noch grüne Blätter, aber ihre Ähren sind weiß und taub.

Den vorerwähnten Saatpflanzenzerstörern fügen wir noch einige hinzu. Ein Sommersaaten besonders gefährliches Insekt ist die Zwergzikade (Jassus sexnotatus Fall.). Ähnlich wie die diesen Tieren nahestehenden Pflanzenläuse saugen sie mit ihren schnabelartigen Mundwerkzeugen die Säfte aus den Geweben aus. Diese Schädlinge sind um so gefährlicher, als ihr massenhaftes Auftreten zumeist epidemischen Charakter annimmt. Weitere Verwüster junger Saaten sind die Erdraupen der Wintersaateule, Agrotis segetum W. V., und die sogenannten

„Drahtwürmer“, das sind Larvenzustände verschiedener Schnellkäfer (u. a. Agriotes lineatus L.). Ihnen begegnet man mit Erfolg durch Anlegung von Ölkuchen und Kartoffelködern zwischen den Ackerreihen, welche von den Drahtwürmern gern aufgesucht werden; dadurch werden sie von dem Besuche der Saatpflanzen ferngehalten, so lange bis dieselben erwachsener und widerstandsfähiger geworden sind. Ähnliche Fraßangriffe auf jugendliche Gewächse verüben die Larven des Getreidelaufkäfers (Zabrus gibbus F.), nur daß sich ihre verderbliche Tätigkeit auf die oberirdischen Organe, Stengel und Blätter erstreckt.

Auch die Engerlinge (Maikäferlarven) schädigen durch Abfressen der Wurzeln junge Saaten. Weitere Störenfriede der Getreidepflanzen sind noch die Ackerschnecke (Limax agrestis) und die wie Maulwürfe im Boden Gänge schaffenden Maulwurfsgrillen oder Werren (Gryllotalpa vulg. Latr.), welche durch das Aufwühlen des Bodens die Pflanzen ausheben und die Wurzeln zerfressen.

Auch unter den Blattläusen befinden sich typische Bewohner der Getreidepflanzen, welche die Säfte einzelner Pflanzenteile aussaugen. Das Auftreten derselben wird vornehmlich durch langdauerndes, trockenes und heißes Wetter begünstigt. Daher finden wir die Tiere ständig als eine Begleiterscheinung der Sommerdürre. Hafer und Gerste leiden am meisten unter ihren Beschädigungen. Der Wuchs solcher Pflanzen ist niedrig, teilweise vergilben sie, teilweise färben sie sich rötlich (beim Hafer). Auch der Körnerbildung wird lebhaft Abbruch getan.

b) Kartoffeln.

Unter den Krankheiten der Kartoffeln gedenken wir zuvörderst der sogenannten Kartoffelkrankheit (auch Krautfäule der Kartoffel). Seit dem Jahre 1845 ist sie in Europa bekannt, wohin sie wahrscheinlich von Amerika her eingeschleppt wurde. Schon im selben Jahre verbreitete sich die Erscheinung über den gesamten Kontinent, weit und breit die Kartoffelfelder vernichtend. Dem Botaniker de Bary gelang es 1861 festzustellen, daß es sich hier um eine Infektionskrankheit handele, deren Erreger, ein Pilz, von ihm Phytophthora infestans genannt wurde. Das Mycel des Parasiten durchzieht die Gewebe des Kartoffellaubes und tötet es ab. Äußerlich wahrnehmbar ist die Krankheit durch das plötzliche Auftreten schwarzbrauner Flecken an der Spitze oder vom Rande der Blätter her. Zumeist wird die Beschädigung erst im Juli sichtbar. Mit Hilfe des Mikroskopes kann man die auf der Unterseite der Blätter aus den Spaltöffnungen an die Luft tretenden verzweigten Konidienträger der Phytophthora erkennen. Gewöhnlich treten drei solcher Fruchtstiele aus den Spaltöffnungen hervor (Fig. 1). Die zitronenförmigen, an den Stielen abgeschnürten Keimzellen werden vom Winde auf benachbarte Kartoffelpflanzen übertragen. Im Wassertropfen, sei es Morgentau, sei es Regen, entwickeln sich in der Keimzelle 6—8 Sporen, die nach ihrem Austritt aus der Konidienhülle zu Schwärmsporen werden, welche eine Doppelgeißel, mit der sie sich lebhaft im Wasser bewegen, besitzen. Allmählich gelangen diese Schwärmer in die Nähe der Spaltöffnungen, wo sie auskeimen, und ihre Schläuche durchdringen darauf die Oberhautzellen, um im Innern ihre verderbliche Tätigkeit zu beginnen. Charakteristisch für die schwarzen Flecken der Phytophthora, welche rasch an Größe zunehmen, ist insbesondere der nach feuchtem Wetter gut sichtbare weißliche Rand, welcher die befallene Stelle umsäumt und von den Luftträgern herrührt. Anhaltende feuchte und warme Witterung begünstigt überhaupt im hohen Maße die epidemische Verbreitung des Pilzes. Sein Entdecker de Bary berechnet auf den Quadratzentimeter befallenen Laubes ungefähr 360000 infektionsfähige Schwärmer des Pilzes!

Aber nicht nur auf das Laub der Kartoffel bleibt das gefährliche Auftreten des Pilzes beschränkt. Auch in der Knolle ist sein Mycel zu finden, das dort die sogenannte Phytophthorafäule hervorruft. Diese Fäulniserscheinung ist vor anderen dadurch kenntlich, daß an der Oberfläche der befallenen Knollen eingesunkene und mißfarbige Stellen sich befinden, welche von den übrigen gesunden Teilen deutlich abstechen. Beim Aufschneiden derartiger Kartoffeln findet man, daß die unter den erwähnten Einsenkungen liegenden Gewebepartien gebräunt erscheinen. Überhaupt sind die Bräunungen mehr auf die Partien zunächst der Schale beschränkt. Zur Erkennung, ob Pilzmycel an einer erkrankten Wurzelfrucht oder einem anderen beliebigen Pflanzenteile vorhanden ist, bedient man sich der einfachen Technik, eine mit feuchtem Fließpapier ausgekleidete Glasglocke über das Objekt zu stülpen (S. 11). Bei der Phytophthora wird man dann schon nach wenigen Tagen die bekannten Fruchtstiele auf der Oberfläche der Schnittstücke wiederfinden. Durch den Übergang des Pilzes in die Knolle sorgt der Pilz auch für das Auftreten der Krankheit im nächsten Jahre, wenn er im Saatgut vorhanden ist. Andererseits übertragen nachweislich in Kellern und Mieten kranke Kartoffeln die Krankheit von Knolle zu Knolle. Auch bei dieser Erscheinung ist Kupferkalkmischung als gutes Vorbeugemittel empfohlen worden.

Häufig begegnen wir einer anderen Blattkrankheit der Kartoffel, die wir von der Kartoffelkrankheit wohl unterscheiden müssen. Sorauer hat sie die Dürrfleckenkrankheit genannt. Wenn im Frühjahr größere Trockenperioden vorhanden sind, kann sie unsere heimischen

Kartoffelfelder schwer schädigen. Während bei der Kartoffelkrankheit die schwarzbraunen Flecken mit dem bei feuchter Luft weißlichen Hauch größere zusammenhängende Flächen der Blattspreite einnehmen, die sich rasch vergrößern, sterben bei der Dürrfleckenkrankheit isolierte, dürr werdende Flecke der Blattfläche relativ langsam ab. Sie treten unregelmäßig verteilt inmitten des Blattgrüns auf. Ihre Form ist eckig, zum Teil mit rundlichen Kanten. Die Flecken erreichen eine Größe von über $^1/_2$ cm. Gewöhnlich erkranken bei dieser Erscheinung alle Triebe einer Staude gleichzeitig. In Amerika, wo die Krankheit viel heftiger als bei uns auftritt, ist sie unter dem Namen Early Potato Bligth bekannt. Der Erreger ist ein zu den Fadenpilzen gehöriger Parasit, Alternaria Solani Sor. Soweit bekannt ist, vermag sein Mycel nicht in die Knolle überzugehen.

Während bei dieser Krankheit die Stengel keine krankhafte Verkürzung aufweisen und im allgemeinen die normale Höhe erreichen, zeigt eine andere Beschädigung des Kartoffelkrautes verkürzte Stengel. Auch bleiben die Pflanzen in der Größe zurück. Das Hauptmerkmal dieser Krankheit ist stets, daß die Blätter stark zurückgekrümmt, wie gekräuselt erscheinen. Man hat diese Erscheinung daher auch die *Kräuselkrankheit der Kartoffel* genannt. Zurzeit werden in der botanischen Literatur noch andere ihrer Entstehung nach sicherlich ganz verschiedene Krankheitserscheinungen unter diesem Namen zusammengefaßt. Verschiedene Forscher neigen dazu, die Ursache der Krankheit auf ungünstige Bodenverhältnisse zurückzuführen. Andere wieder bezichtigen verschiedene Pilze, die Erreger der Krankheit zu sein.

Auch der Anteil der Bakterien an der Zerstörung der Kartoffel ist groß. Erst in den letzten Jahren ist ihre Bedeutung, nicht zum mindesten durch die grundlegenden Untersuchungen *Appels*, in ein helleres Licht gesetzt worden.

Unter der Schwarzbeinigkeit der Kartoffel verstehen wir eine Krankheit, bei welcher am Grunde des Stengels, gewöhnlich in der Nähe des Bodens, der an dieser Stelle eingeschnürt erscheinende Stengel intensiv schwarzbraun gefärbt ist. Das ungesund gelbliche Laub hängt schlaff am Stengel herunter und vertrocknet bald. In vorgerücktem Stadium fallen dann die Stengel um und auch an höher gelegenen Partien werden schwarze Stellen sichtbar, auf denen sich mitunter die Rasen später hinzutretender Schimmelpilze niederlassen. Die schwarzen Stellen sind die Angriffsstellen der Bakterien, unter denen Appel als wesentlichsten Zerstörer den Bacillus phytophthorus festgestellt hat. Nicht immer sind die Knollen schwarzbeiniger Kartoffeln selbst bakterienfaul, sie bleiben dann aber im Wachstum stark zurück, da ihre Ernährung bald aufhört. Häufig wird aber die Schwarzbeinigkeit zum Ausgangspunkt einer epidemischen Fäulnis, da der B. phytophthorus das Fleisch der Kartoffel sehr energisch zu zerstören vermag.

Anders liegen die Verhältnisse bei der Bakterienfäule der Knollen. Bei dieser Erscheinung lockern die Bakterien, indem sie die Zellhäute der Gewebe auflösen, den Zusammenhang der einzelnen Zellen und das Kartoffelfleisch nimmt breiige Beschaffenheit an. Die Stärkekörner in den Zellen bleiben dabei unverändert. Das Eindringen der Bakterien in die Knollen geschieht ebenso wie bei der Schwarzbeinigkeit vom Erdboden aus. Bei der Bakterienfäule wandern sie durch Wundstellen oder andere, durch Pilze geschaffene Eingangspforten in das unter der Schale gelegene Gewebe ein. Einen wesentlichen Anteil an der Zerstörung soll das Buttersäurebakter (Clostridium butyricum, auch Amylobacter Clostridium genannt) einnehmen.

Früher trennte man die Erscheinungen der Fäulnis bei der Kartoffel in die Begriffe: Naßfäule (auch Rotz) und

Trockenfäule, Unterscheidungen, die sich bei den bekannten Fäulezuständen nicht streng durchführen lassen. Die Ausdrücke richten sich je nach dem Zustande des Zellsaftes der kranken Gewebe. Ist der Zellsaft noch vorhanden, dann wird das kranke Gewebe breiig; solche Kartoffeln nennt man „naßfaul“. Wenn der Zellsaft eingetrocknet und das Gewebe pulverig erscheint, so bezeichnet man den Zustand als „Trockenfäule“.

Einige Pilze sollen noch Erwähnung finden, die als Fäulniserreger der Knollen bekannt sind. Und zwar sind dies Pilze, welche als Bewohner der Kartoffelschale äußerst häufig vorkommen, dort aber als unschädliche Saprophyten ihr Dasein fristen. Bietet sich ihnen jedoch Gelegenheit, die Schale zu durchdringen, und erweist sich das innere Gewebe nicht widerstandsfähig genug, so rufen sie ebenfalls Fäulniszustände hervor.

Unter Grind oder Pocken der Kartoffelschale ist eine Erscheinung bekannt, bei welcher grindartige Erhabenheiten in unregelmäßiger Verteilung und von verschiedener Größe sich auf der Schale befinden. Die mikroskopische Betrachtung zeigt, daß es sich hier um dichte, zusammengeknäulte Massen von Pilzfäden handelt, welche nur bis in die obersten Korkschichten der Knollenschalen vordringen. Es gelingt sogar, sie mit der Bürste zu entfernen. Der Pilz heißt Rhizoctonia Solani (nach neueren Untersuchungen von Laubert identisch mit Hypochnus Solani).

Unter gewissen Umständen kann aber dieser harmlose Bewohner der Schale ein Erreger naß- und trockenfauliger Zustände im Knolleninnern werden, dann sieht man mikroskopisch die Fäden der Rhizoctonia vorwiegend zwischen den Zellen der Kartoffeln wachsen. Die Stärkekörner im Zellinnern bringt der Pilz rasch zum Abschmelzen. Die Krankheit wird gewöhnlich schon bei der Ernte bemerkt. Sehr schnell wird die Knolle von einem Ende aus fortschreitend wässerig-weich und das Stärkemehl schwindet vollständig.

Unter der Bezeichnung Phellomycesfäule beschrieb Frank auch einen Fäulniszustand der Knolle, den er der Tätigkeit des gleichnamigen Pilzes zuschreibt. Derselbe ist ebenfalls als unschädlicher Bewohner der Schale bekannt. Auf derselben ruft er Flecken hervor, die sich bei genauerer Betrachtung mit dem bloßen Auge als schwarze Pünktchen erweisen. Gelingt es dem Organismus, unter günstigen Umständen die Kartoffelschale zu durchbohren, so durchwuchert er mit seinem Pilzgeflecht die stärkeführenden Zellen. Die Stärkekörner löst er zwar nicht auf, aber er bohrt sie an der Oberfläche an. Immerhin kommt die von ihm verursachte Trockenfäule ziemlich selten vor. Appel und Laubert haben kürzlich den Nachweis erbracht, daß der sogenannte Phellomycespilz, dessen Fruchtform bisher unbekannt war, zu dem bekannten Pilze Spondylocladium atrovirens gehört.

Auch der Fusariumfäule wollen wir noch gedenken. Dieser sehr häufige Schimmelpilz kann, abgesehen von seiner bereits oben ausgeführten Schädlichkeit, auch in der Knolle einen trockenfaulen Zustand hervorrufen. Nach Untersuchungen von E. Smith und Swingle ruft das Fusarium oxysporum eine gefährliche Trockenfäule hervor. Bei dieser Krankheit ist der Umstand von Interesse, daß das Mycel vorzüglich in den Gefäßen wächst. Wird die Knolle beschädigt, so kann man deutlich Schwärzung des in der Nähe der Schale gelegenen Gefäßringes erkennen. Eine ähnliche Erscheinung, welche aber durch Bakterien verursacht wird, konnte Appel beobachten (Bakterienringkrankheit).

Bei weitem ungefährlicher ist Stysanus Stemonites (Pers.) Corda, ein Pilz, der häufig auf der Oberfläche eingemieteter Kartoffeln vorkommt. Derselbe ist daran leicht zu erkennen, daß seine Konidienbüschel wie Barthaare eines unrasierten Mannes aus der Schale oder an Wundstellen hervorragen. Wie Appel und Bruck nachweisen konnten, tritt dieser Pilz gelegentlich auch parasitär im inneren Gewebe der Knolle auf.

Einen besonderen Schutz gegen das Eindringen von Fäulniserregern besitzt die Kartoffel in ihrem großen Regenerationsvermögen. In sehr vielen Fällen leistet sie nämlich dem Vorrücken der Parasiten durch Abgrenzung des gesunden und kranken Gewebes vermittels aus den Zellen selbst gebildeter Korkschichten (Wundkork) den heftigsten Widerstand.

Außer diesen Fäulniszuständen ist noch eine Erscheinung bekannt, deren Ursachen aber bisher noch nicht aufgedeckt worden sind. Es ist dies die Buntfleckigkeit (auch Eisenfleckigkeit) der Kartoffel. Man beobachtet beim Durchschneiden von Knollen häufig eisenbraune, bisweilen graubraune Flecken, die auch schon während der Erntezeit sichtbar sind. Die Krankheit wird durch das Saatgut nicht übertragen und ist allem Anscheine nach von besonderen Bodenverhältnissen abhängig.

Unter dem Namen Kartoffelschorf ist dem Landwirt eine Krankheit bekannt, welche sich durch borkige, flächenartige, mitunter die ganze Oberfläche der Kartoffel überziehende Stellen zur Geltung bringt. Über die Erreger dieser pathologischen Erscheinung ist man geteilter Meinung. Die einen glauben, daß Bakterien, die anderen, daß gewisse Fadenpilze (Oosporaarten) die Krankheit veranlassen. Je nach der Art des Vordringens in die Knollen hat man einen „Buckelschorf", einen „Flachschorf" und einen „Tiefschorf" unterschieden.

Es ist auch festgestellt worden, daß an dem Faulen der Knollen tierische Schädlinge ihren Anteil haben. So konnten gewisse Nematoden, Älchen als Fäulniserreger festgestellt werden, welche mit dem Tylenchus devastatrix, der auch die Stockkrankheit des Getreides und Klees hervorruft, wahrscheinlich übereinstimmten. Äußerlich bietet eine solche von der Nematoden- oder Wurmfäule ergriffene Knolle denselben Anblick, wie die Phytophthorafäule. Die Schale ist an verschiedenen Stellen eingesunken, mißfarbig und beim Aufschneiden werden unter diesen Partien braune Flecke sichtbar. Mikroskopisch kann man dann erst erkennen, daß Pilzmycel nicht zu finden ist, dagegen aber in Nestern die Nematoden sitzen, welche lichtscheu ihre zerstörende Minierarbeit ausführen.

Gleichfalls nehmen an dem Fäulnisprozeß der Knollen Milben (Rhizoglyphus echinopus) teil. Sie werden dadurch besonders gefährlich, daß die von ihnen dem Kartoffelfleisch geschaffenen Wunden nicht so gut verheilen, wie die anderer Schädlinge, und der zersetzenden Tätigkeit der Bakterien dadurch Tor und Tür öffnen.

Durch die zur Saat ausgelegten Knollen findet man häufig Gänge gebohrt, welche von den Larven gewisser Schnellkäfer (Agriotes Eschsch. und Athous Eschsch.) herstammen, die unter dem Namen Drahtwürmer bekannt sind. Andere Insekten bohren wiederum weite, tiefe Löcher in die Saatkartoffeln und verhindern das Aufgehen derselben durch das Abfressen der jungen Triebe. Es sind dies die Erdraupen der Saateule (Agrotis segetum Schiff.).

Rüben.

Eines der am wenigsten aufgeklärten Gebiete unserer Wissenschaft sind die Rübenkrankheiten. Trotzdem auf diesem Zweige infolge der großen Bedeutung für die Landwirtschaft und von ihr abhängige Industrien (Zucker usw.) unermüdlich gearbeitet wird, ist es doch noch nicht gelungen, die Ursachen der wichtigsten Krankheiten mit Sicherheit festzustellen. Jahr für Jahr werden immer wieder neue Organismen entdeckt, die auf dem kranken Rübenkörper zu finden sind. Allein, wer vermag zu sagen, welche unter der großen Zahl jener Lebewesen gerade die eigentlichen Schädlinge und Erreger der Krankheiten sind?

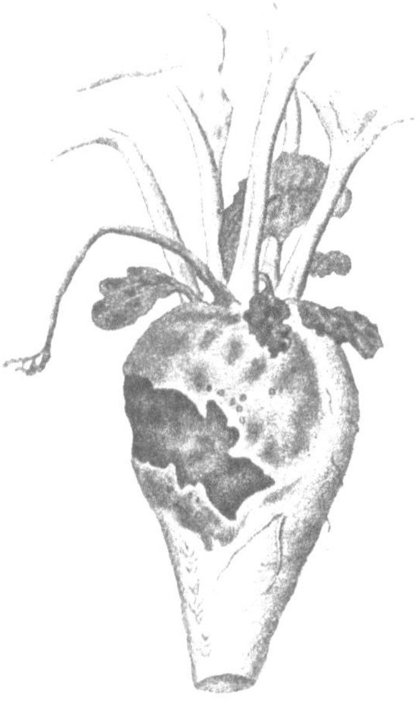
Fig. 17. Rübe an Phoma Betae erkrankt (Herz- und Trockenfäule).

Eine dieser Krankheiten, unter dem Namen der Herz- und Trockenfäule (Fig. 17) bekannt, richtet in Zucker- und Runkelrübenschlägen großen Schaden an. Besonders wenn der Spätsommer anhaltende Dürre mit sich bringt, fangen die aus den Rübenköpfen herauskommenden Blätter an schwarz zu werden. Zunächst werden die Herzblätter betroffen; allmählich greift dann die Erscheinung auch auf die älteren Blätter über. Hat die Rübe noch vor Beginn der trockenen Jahreszeit ihre großen Blätter verloren, so setzt sie dem Eindringen gewisser Schädiger immerhin eine relativ größere Widerstandsfähigkeit entgegen, denn das Fehlen verdunstender Blätter zwingt den Rübenkörper regulatorisch dazu, geringere Mengen Bodenwasser aufzusaugen. Dort aber, wo noch Blätter vorhanden sind, auch dann, wenn sie schon so sehr geschädigt sind, daß sie nicht mehr Wasser verdunsten können, entsteht ein Mißverhältnis zwischen der normalen Wasseraufnahme aus dem Boden und der durch das Absterben des verdunstenden Blattapparates gehinderten Wasserdampfabgabe. Eine derartig geschwächte Rübe wird dem Eindringen von Parasiten nur geringen Widerstand leisten können.

Im Anschluß an die Herzfäule wird gewöhnlich auch eine Trockenfäule des Rübenkörpers wahrgenommen. In den ersten Stadien der Krankheit ist eine Rettung noch möglich, wenn die gesunden Gewebe durch Bildung von Korkschichten die fauligen Partien, ähnlich wie bei verschiedenen Kartoffelkrankheiten, abstoßen. Tritt dieser Fall aber nicht ein, so führt der Fäulnisprozeß zum völligen Absterben der Pflanzen. Sowohl in den erkrankten Herzblättern als auch in den Geweben des Rübenkörpers wird in der Mehrzahl der Fälle das Mycel eines Pilzes, Phoma Betae Frank, gelegentlich auch eines anderen Pilzes, Fusarium beticola Frank, gefunden. Auf fauligen Partien der Rübe kann man kleine schwarze, punktförmige Kapseln entdecken, an denen schleimige Massen (Sporen) hervorquellen. Es sind dies die Pyknidenfrüchte der genannten Phoma. Derselbe Schädling tritt auch auf abgestorbenen Rübenblättern als Saprophyt auf, vermag aber auch auf lebenden Blättern Blattflecken hervorzurufen. Dieselben sind pfenniggroß, haben rundliche Gestalt und hell-tabakbraune Färbung, am Rande mit dunkler Zone. Das Fusarium überzieht, ähnlich wie die Kartoffelfusarien, in weißen schimmligen Rasen die kranken Rübenpartien. Mikroskopisch lassen sich die Fusarienträger mit den charakteristischen mehrzelligen, halbmondförmig gekrümmten Konidien gut nachweisen. Während man mit Hilfe von Infektionsversuchen hat feststellen können, daß die beiden Pilze die Krankheit zu erregen vermögen, sind Übertragungsversuche von Bakterien, welche gelegentlich auf erkrankten Rübenorganismen gefunden wurden, nicht geglückt. — Wundstellen verschiedener Art am Körper, vornehmlich solche, die durch den Fraß von Erdraupen hervorgerufen werden, bieten dem Eindringen der Erreger gute Gelegenheit.

Selbst solche Rüben, die nur partiell von der Fäulnis ergriffen werden, erleiden eine große Verminderung ihres Zuckergehaltes.

Eine andere noch nicht aufgeklärte Rübenschädigung ist der sogenannte Gürtelschorf der Zuckerrüben. Man beobachtet, daß auf der Oberhaut des Rübenkörpers Korkbildungen entstehen, welche in kleinen Längs- und Querrissen, besonders an der dicksten Stelle der Rübe auftreten. Rübenkopf und Schwanzende zeigen die Erscheinung nur selten. Im Gegensatz zur vorigen Krankheit bleibt der Innenkörper der Rüben im allgemeinen gesund. Nur gelegentlich rückt die Schorfgegend in muldenartigen Vertiefungen in die inneren Gewebe hinein. Das Krankheitsbild erinnert auffällig an die bereits geschilderten Schorfkrankheiten der Kartoffeln.

F. Krüger, der zuletzt die Erscheinung des Schorfes eingehend studiert hat, glaubt, daß die „Schorfstellen anatomisch das Gepräge einer mit oder ohne Kallusbildung vor sich gegangenen Wundheilung“ tragen. Welche Organismen die Wundstellen hervorrufen, bleibt indessen noch ungewiß. Verschiedene niedrigstehende (Oospora-)Pilze und gewisse kleine, weiße, zwirndünne Würmer (Enchyträiden) stehen im Verdachte.

Auch eine Keimlingskrankheit der Zucker- und Runkelrüben, der sogenannte Wurzelbrand, sei erwähnt. Von den Stengelchen der jungen Rübenpflanzen, die eben erst die beiden Keimblättchen entfaltet haben, bis hinunter in die Wurzeln verlaufend, finden sich gebräunte bis schwarze Gewebepartien, es sind dies die sogenannten „schwarzen Beine“. Wenn die Sämlinge nicht kräftig genug sind, die kranken Stellen abzustoßen, fallen die Pflänzchen, insbesondere bei ungünstigen Witterungs- und Bodenverhältnissen, binnen kurzem um. Unter günstigen Umständen kann auch eine vollständige Heilung eintreten, aber noch bis spät in den Juli hinein bleiben unterhalb der Blattrosette Bräunungen und Einschnürungen vom Wurzelbrande her bestehen. Unter diesem Namen werden übrigens nach den neuesten Untersuchungen von L. Peters mindestens drei Krankheiten mit ähnlichem Krankheitsbild zusammengefaßt. Als Erreger konnte Peters durch exakte Infektionsversuche mit Reinkulturen drei Pilze nachweisen: Phoma Betae Frk., Pythium de Baryanum und einen der Saprolegniengattung Aphanomyces angehörigen Pilz. Daß auch bei diesen Krankheiten neben der Infektion jede Schwächung der jungen Pflanze von Bedeutung ist, hatten früher bereits Hiltner und Peters gezeigt, indem sie u. a. darauf hinwiesen, daß schwächende chemische Stoffe (Oxalate) in dem Saatgut selbst entstehen können, wenn Ernte oder Ernteverarbeitung bei großer Nässe oder anderen ungünstigen Bedingungen stattfinden müssen.

Unter dem Namen der bakteriellen Gummosis der Rüben (auch Schwanzfäule) wird eine Erscheinung bezeichnet, bei welcher im Spätsommer der Schwanzteil zu schrumpfen und sich zu färben beginnt, und zwar nimmt die Verfärbung in ein grauschwarzes Kolorit nach der Mitte des Rübenkörpers zu ihren Fortgang. Gleichzeitig tritt Schrumpfung dieser Gewebepartien ein und die Gefäße entlassen einen kleberigen Saft. Bei eingekellerten und eingemieteten Rüben kann die Gummosis, wie übrigens auch die Trockenfäule durch weiteres Fortschreiten und auch durch Übergehen auf gesunde Exemplare sehr gefährlich werden. Ist es immerhin gelungen, ein Bakterium, Bacillus Betae, aus den erkrankten Rüben zu isolieren, das nachweislich befähigt ist, den Rohrzucker zu zerlegen, so liegt noch die Frage nach den die Besiedlung dieser Bodenbakterien gestattenden Umständen unbeantwortet. Es steht jedenfalls fest, daß in Jahren mit geringer Feuchtigkeit das Eindringen der Bakterien aus dem Boden am ehesten stattfindet.

In Kellern und Mieten gelingt es auch einer anderen Krankheit mitunter sogar epidemischen Charakter anzunehmen. Sie wird hervorgerufen durch einen Pilz, Sclerotinia Libertiana Fuckel. Das Mycel dieses Pilzes hat, wie de Bary nachwies, die Fähigkeit, durch Ausscheidung eines Fermentes die äußeren Zellschichten des Rübenkörpers abzutöten. Hernach gelingt es dem Pilz, auf dem abgestorbenen Gewebe saprophytisch weiterzuleben und den ganzen Innenkörper durch Auflösung der Zellmembranen in eine wässerige, weiche Masse umzuwandeln. Während dieses Prozesses hat sich inzwischen das außen auf der Rübe aufgelagerte Mycel, das Wattepolstern ähnlich ist, verdickt, und die einzelnen Fäden verwachsen untereinander zu harten Gebilden, welche ein fladen-, mitunter kugelartiges Aussehen gewinnen. Der Botaniker nennt diese Bildungen, welche außen schwarze Färbung annehmen, Sclerotien (vgl. S. 18). Daher bezeichnet man auch diese Krankheit als Sclerotienkrankheit. Infolge des Zerstörungswerkes des Pilzes bleiben als äußere Haut, die man von dem innen liegenden Brei wie eine Mütze abziehen kann, nur noch die Sclerotien, der Mycelüberzug und die Restbestandteile der oberflächlichen Rübengewebe übrig.

Die Sclerotien, sowohl solche, die auf die Erde gelangen, als auch andere, die noch auf den Rübenruinen verbleiben, können nach Verlauf weniger Monate Becherfrüchte (vgl. Fig. 7) zur Entwicklung bringen. Aus deren Schläuchen entstehende Sporen verbreiten die Krankheit wieder rasch und sicher weiter. Da der Parasit in Mieten und Kellern von Rübe zu Rübe leicht übergehen kann, ist die Ausdehnung der Erscheinung leicht begreiflich.

Ein Pilz, der an Zucker- und Futterrüben keinen allzu großen Schaden verursacht, ist der Wurzeltöter, Rhizoctonia violacea Tul. Er kommt nur an unterirdischen Rübenteilen vor und überzieht vom Schwanz aus den Körper mit purpurroten Wärzchen, — wo er auftritt, fäulniserregend. Sein Vorkommen bleibt gewöhnlich nur auf einzelne Exemplare beschränkt. Bemerkt wird er erst im Spätsommer.

Auch Blattkrankheiten, welche imstande sind, infolge der verminderten Assimilationstätigkeit eine geringere Reservestoffansammlung in den Rüben hervorzurufen, richten verhältnismäßig große Schädigungen an. Unter ihnen sei zuerst der Rübenrost (Uromyces Betae Tul.) genannt. Bereits im Frühling werden die bekannten rotgelben Rostpolster auf den Blattstielen bemerkbar. Hier haben wir es mit dem Äcidienzustande des Pilzes zu tun. Die Äcidiosporen verschleppen die Krankheit im Sommer auf die Blattflächen und bald erscheinen auch die wie rötliche Punkte aussehenden Sommersporen und im weiteren Verlauf die bräunlichen Wintersporen. Diese Blattkrankheit ist nicht zu verwechseln mit der durch Cercospora beticola Sacc. hervorgerufenen Fleckenkrankheit. Bei dieser Erscheinung nimmt man kreisrunde, kleine Flecken auf der Blattfläche wahr, deren Inneres allmählich durchscheinend wird, während es von rötlichen Erhebungen umgeben ist. Auch kommt es vor, daß solche Flecken ineinander zusammenfließen. Die befallenen Blätter sterben dann gewöhnlich bald ab. Die mikroskopische Untersuchung verrät an den charakteristischen, gekammerten, fädigen und an einem Ende etwas verdickten Sporen den Pilz leicht, mit dem wir es hier zu tun haben.

Ein anderer Schädiger des Rübenblattes ist ein falscher Meltau (Peronospora Schachtii Fuck.), der wie die meisten Meltaukrankheiten an seinem schimmelartigen Rasen, diesmal auf der Blattunterseite, deutlich zu erkennen ist. In feuchten Jahren ist das Auftreten des Pilzes ein sehr starkes. Er kann dann der Ausbildung der Rüben recht gefährlich werden. Da der Parasit vorzüglich die Herzblätter befällt, hat man die Erscheinung auch die Herzblattkrankheit der Rüben genannt.

Unter den durch tierische Parasiten an Rüben hervorgerufenen Krankheiten sei an erster Stelle der durch die sogenannte Rübennematode (Heterodera Schachtii A. Schmidt) erzeugten Rübenmüdigkeit gedacht. Diese Erscheinung, durch die der Zucker- und auch Futterrübenbau große Verluste erleidet, tritt immer dann ein, wenn längere Zeit hintereinander auf einem Acker Rüben gebaut wurden. Ja, die Rübenmüdigkeit des Bodens verschärft sich von Jahr zu Jahr. Der Erreger, ein Wurm, der dem bei den Getreidekrankheiten erwähnten Tylenchus verwandt ist, lebt im Larvenzustande genau wie dieser als „Älchen" im Erdboden. Zum Zwecke der Fortpflanzung kriechen dieselben in bestimmte Wirtspflanzen ein (außer Rüben auch noch in einige 40 andere Pflanzen, besonders Kreuz- und Schmetterlingsblütler). Sie durchbohren die Oberhaut der Wurzeln und setzen sich in der Wurzelrinde fest. Die Larven verlieren dabei ihre wurmförmige Gestalt und, indem sie selbst dicker werden, rufen sie gleichfalls eine Anschwellung des befallenen Rübenwurzelteiles hervor. Je nach den Geschlechtern ist Aussehen und Größe der Larven verschieden. — Zur Befruchtung der Weibchen wandern die Männchen aus der Larvenhaut aus. Ist die Befruchtung erfolgt, so gewinnt das Weibchen bedeutend an Ausdehnung, wodurch die Wurzelrinde zum Aufplatzen gebracht wird, so daß der Wurmkörper aus ihr hervortritt. Von Beginn des Juni an finden sich dann diese trächtigen Weibchen allenthalben an den Wurzeln, bis sie im Herbst zu vollständiger Reife gelangt sind. Dann werden die kleinen, wie Perlen an den Saugwurzeln der Rüben sitzenden, weißen Körperchen zu derbhäutigen Brutkapseln, in denen sich einige hundert Eier befinden (Fig. 18). Ihnen verdanken — wahrscheinlich noch im selben Jahre — sogar mehrere Generationen von Älchenbruten ihre Entstehung. Ebenso wie für die Tylenchusarten ist auch der den schmarotzenden Nematoden eigene Mundstachel ein Kennzeichen der Heteroderen.

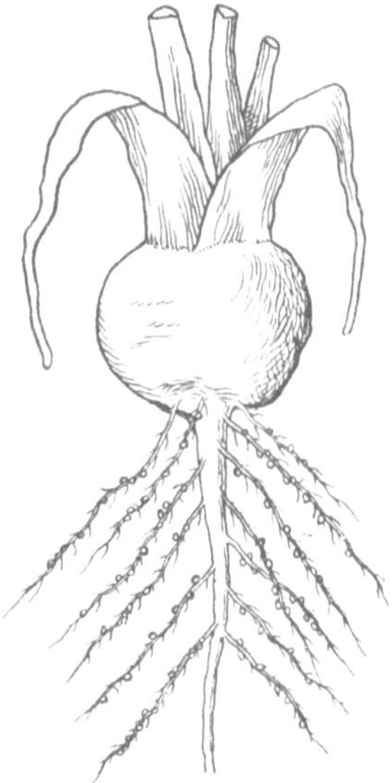

Fig. 18.
Rübe von Nematoden befallen.

Wenn die Krankheit auftritt, wird sie gewöhnlich zur Allgemeinerscheinung auf dem Rübenacker. Der Körper der Rüben bleibt hinter dem normaler Pflanzen zurück, so daß dieselben ein mehr sellerieartiges Aussehen erlangen. Bei einem sehr starken Befall kann es sogar kommen, daß die Pflanzen nach schwacher Entwicklung einiger Blättchen überhaupt keine Rübe ansetzen. Andererseits kommt es auch vor, daß die Rüben trotz reichen Nematodenbefalls immerhin leidlich ausgebildet werden, ein Fall, der dann eintritt, wenn die Pflanzen zur Zeit, als der Hauptangriff der Schmarotzer einsetzte, bereits kräftig genug gewesen waren, um Widerstand zu leisten.

Zur Bekämpfung der Rübenmüdigkeit des Bodens wird die Einhaltung eines geregelten Fruchtwechsels in erster Linie empfohlen. Dann aber haben sich auch mehrere in einem Jahre hintereinander folgende Aussaaten von Fangpflanzen (Sommerrübsen), deren Wurzeln die Älchen massenhaft anlocken, ausgezeichnet bewährt. Die Vernichtung der-

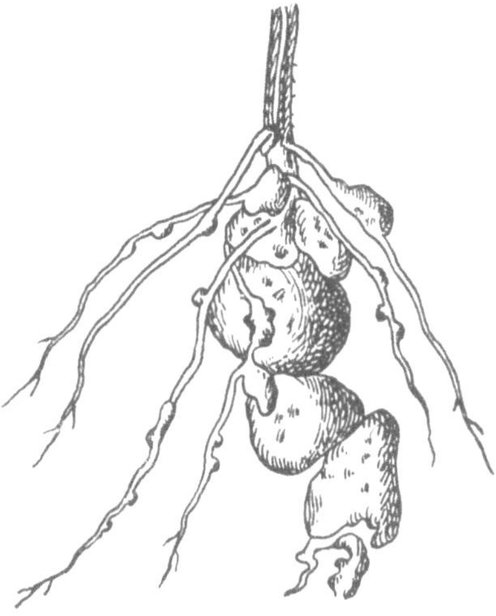

Fig. 19. Wurzelgallen von Heterodera radicicola an Gurken nach Berkeley.

selben muß in der Zeit erfolgen, in der die Fortpflanzung der Heterodera einsetzt.

Beiläufig erwähnt sei noch, daß eine Heterodera ebenfalls Gurkenpflanzen befällt. Wegen der eigentümlichen „Wurzelgallen“, welche der Schmarotzer hervorruft, fügen wir ein Bild der Beschädigungen ein (Fig. 19).

Unter den anderen tierischen Rübenschädlingen seien die Larven der Runkelfliege (Anthomyia conformis

Fall.) erwähnt, welche die Blätter der Zucker- und Futterrüben durch ihren Minierfraß fast vollständig zerstören. Ebenso wie bei Getreide und Kartoffeln richten auch an Rübenpflanzen Engerlinge, Erdraupen und Drahtwürmer großen Schaden an.

Auch verschiedene Käfer, der Schildkäfer (Cassida nebulosa L.) und der schwarze Aaskäfer (Silpha atrata L.), sowie ferner die Rübenblattwespe (Athalia spinarum Fbr.) und die schwarze Blattlaus (Aphis Papaveris L.) sind als Rübenblattzerstörer bekannt.

Hülsenfrüchte, Gemüsepflanzen und industrielle Kulturpflanzen.

Hülsenfrüchte.

Auch die Hülsenfrüchte bleiben von Rostkrankheiten nicht verschont. Allein der Schaden, den diese Pilze anrichten, ist kein bedeutender. Auf den Blättern einzelner Leguminosen findet man in unregelmäßiger Verteilung rostrote rundliche Häufchen (Sommersporen) vor, denen schwärzliche Polster (Wintersporen) folgen, die aber zumeist die Stengel und Blattstiele bevorzugen. Die befallenen Pflanzenteile vergilben und fallen vorzeitig ab. Fällt der Befall in die Wachstumszeit der Pflanzen, so kann ihre Entwicklung sehr nachteilig beeinflußt werden.

Die verschiedenen Leguminosenroste gehören der Gattung Uromyces an. Unser größtes Interesse unter ihnen beansprucht der Erbsenrost (Uromyces Pisi de By). Auch er lebt in Wirtswechsel. Die Äcidienform befindet sich auf Wolfsmilcharten. Von dort werden die Sporen durch den Wind auf Erbsenpflanzen gebracht, wo die Sporenschläuche durch die Spaltöffnungen in die Blätter Eingang finden. Im Blattgewebe entwickelt sich rasch ein lebhaft wucherndes Mycel und die erwähnten Sommersporen entstehen.

Erwähnt seien noch die in der Art ihres Befalls und ihrer Lebensweise dem Erbsenrost sehr ähnlichen Uromycesarten: der Kleerost (Uromyces Trifolii Winter), der Wickenrost (U. Orobi Wtr.), welcher auch Linsen und Puffbohnen befällt, der Bohnenrost (U. Phaseolorum Tul.) und schließlich der Lupinenrost (U. Anthyllidis Schröt.).

Unter den Meltaukrankheiten nennen wir zuerst den falschen Meltau der Wicken (Peronospora Viciae Berk). Sein Auftreten zeigt sich zunächst im Bleichwerden der Wickenstengel[1]), dem der typische hellgraue Schimmelüberzug der Peronosporeen auf der Blattunterseite folgt. Die mikroskopische Betrachtung desselben lehrt uns, daß wir es hier mit den Sporenträgern und ihren charakteristischen Abschnürungen zu tun haben. Besonderen Schaden richtet der Schmarotzer nur bei langanhaltendem nassen und warmen Wetter an. Dem Schädling in Auftreten und Wirkung sehr ähnlich ist sein naher Verwandter Peronospora Trifoliorum de By, welcher auf Kleearten und Luzerne vorkommt.

Der auf den Blättern verschiedener Leguminosen auftretende echte Meltau (Erysiphe Martii Lév.) wird besonders im Spätsommer beobachtet. Und zwar befällt er Kleearten, Wickenarten, Lupine und Esparsette, indem er mitunter ganzen Partien von Feldern ein weißliches Aussehen verleiht. Wie beim Getreidemeltau erscheinen auf der Oberhaut grüner Teile die Mycelfäden der Erysiphe verteilt, welche durch Saugfortsätze in die Zellen eindringen. Die starke Verbreitung des Pilzes darf nicht überraschen, da er auf einer großen Reihe anderer Pflanzen, verschiedenen Kreuzblütern, Urticaceen, Spiräen usw., vorkommt, die ihn leicht übertragen.

---

[1]) Auch an Linsen, Erbsen und Bohnen wurde die Peronospora beobachtet.

Klee und Luzerne wird häufig ein Pilz (Rhizoctonia violacea Tul.) gefährlich, der unter dem Namen „Wurzeltöter“ bekannt ist. Der auch auf Rüben, Kartoffeln, Doldengewächsen, ferner Seradella und anderen Pflanzen vorkommende Schmarotzer tötet die Wurzeln, indem er sie mit einem filzigen, violett gefärbten Überzug umspinnt, welcher die darunter liegenden Partien in Fäulnis überführt. Äußerlich bemerkbar ist die Erscheinung schon im Juli. Dann vergilben zunächst die Pflanzen, und Blätter und Stengel vertrocknen.

Zwei Stengelkrankheiten seien hier beiläufig angeführt. Die eine, der Stengelbrenner des Klees, wird durch das Gloeosporium caulincola Kirchn. hervorgerufen, welches längliche, dunkele, hell umsäumte Flecken an den Stengeln aufweist, die tief in das Innere eindringen. Hier entstehen in Gestalt schwärzlicher kleiner Pusteln die Lager des Pilzes. Mitunter bewirkt der Schmarotzer das völlige Absterben der oberhalb der Flecken gelegenen Pflanzenteile.

Der als Stengeltöter der Lupine bekannte Pilz Cryptosporium leptostromiforme J. K. kommt im allgemeinen als harmloser Schädling oder als Saprophyt auf abgestorbenen Pflanzen wohl auf jedem Lupinenfelde vor. Unter Umständen breitet er sich aber im Gewebe der Stengel noch gesunder, grüner Pflanzen — mitunter schon vor der Blüte — so lebhaft aus, daß er Kümmern und Absterben der Pflanze bewirkt. Äußerlich kenntlich ist die Krankheit durch elliptische schwarze Flecken auf hellem Grunde, welche in der Stengelrinde zu finden sind. Es sind dies die Früchte des Cryptosporiums.

Unter den durch Pilze hervorgerufenen Fleckenkrankheiten sei zunächst der auf Hülsen von Busch- und Staudenbohnen vorkommenden Erscheinung gedacht, welche durch das Gloeosporium Lindemuthianum Sacc. et Mgn.

verursacht wird. Die unreifen, grünen Bohnen („Schnittbohnen"), insbesondere die in der Nähe des Bodens befindlichen, lassen auf ihren Hülsen braune Flecken erkennen, welche eingesunken sind und einen wulstig-lappigen Rand zeigen (Fig. 20). Mitunter sind mehrere solcher Flecken verschmolzen, so daß sie eine Größe von über 1 cm. erreichen. Die Verpilzung kann auch durch die Fruchtwand hindurch sich der Samen bemächtigen und diese schädigen, ohne jedoch die Keimfähigkeit zu beeinträchtigen. Die Keimblätter werden dann ebenfalls von dem Schmarotzer ergriffen und verschleppen die Krankheit in das neue Jahr. Die auf junge Kulturen auffliegenden Sporen entwickeln in kurzer Zeit neue Lager, welche für die Verbreitung der Beschädigung bald Sorge tragen.

Fig. 20. Fleckenkrankheit der Bohnenhülsen (Gloeosporium Lindemuthianum).

Eine andere bekannte Fleckenkrankheit ist die Blatt- und Hülsenfleckenkrankheit der Erbse (Ascochyta Pisi Lib.). Wie bei der vorigen Krankheit zeigen sich auf den Hülsen Flecken, die hier hellbraun, am Rande dunkelbraun gefärbt sind. Von dort aus geht ähnlich wie bei der Bohne die Infektion durch die Fruchtwand auf die Samen über, die ebenfalls zwar stark geschädigt werden, aber trotzdem keimfähig bleiben und die Erscheinung auf die Keimpflanzen übertragen. Die befallenen Pflanzen werden gewöhnlich gelb, zuweilen bleiben auch noch die Spitzen grün. Auf den gelben Teilen entstehen dann die erwähnten Flecken. Außer diesem Verbreitungswege durch die Samen wird die Krankheit ebenso wie die vorige durch das überwinterte Erbsenstroh, auf dem die Sporenkapseln entstehen, in das neue Jahr verschleppt.

Erwähnt sei noch eine Blattfleckenkrankheit des Klees, welche von der Pseudopeziza Trifolii Fuck. verursacht wird. Bei ihr zeigen sich im Frühsommer auf den Blättern bräunliche Flecken mit gelblichem Rande, die bald eintrocknen. In ihren Mitten entwickeln sich die sehr kleinen, wie Pünktchen aussehenden Pilzfrüchtchen, deren Schlauchsporen im nächsten Jahre von den am Boden liegenden abgefallenen Blättern die Krankheit übertragen können.

Ein anderer Pilz, der auch den Klee befällt, Sclerotinia Trifoliorum Erik., vermag sogar Epidemien hervorzurufen und großen Schaden anzurichten. Gerade in den letzten Jahren ist der von ihm verursachte „Kleekrebs" (auch Sclerotienkrankheit des Klees) häufig aufgetreten. Da er mit seinem bei den Rübenkrankheiten besprochenen Verwandten Sclerotinia Liberiana Fuck. in der Art des Befalls und seines Entwicklungsganges viel Ähnliches zeigt, brauchen wir seiner hier nur in Kürze zu gedenken. Die auf die jugendlichen Blätter der verschiedensten Kleearten auffliegenden Sporen entwickeln binnen kurzem im Blattgewebe ein kräftiges Mycel, das immer weiter in die Gewebe der Pflanze eindringt. Vorzüglich die unteren Stengelteile werden von ihm ergriffen. Gewöhnlich bleiben dann nur noch Reste der Gefäße und die Oberhaut zurück, auf der sich ein weißes Luftmycel entwickelt, aus dem die Dauerzustände, die Sclerotien (vgl. S. 18) entstehen. Im nächsten Frühjahr reifen dann die auf ihnen entstandenen Schlauchfrüchte und schleudern ihre Sporen aus, welche bei feuchter Witterung auf Kleepflanzen von neuem zur Keimung gelangen.

Zu den Feinden des Klees gehören auch einige phanerogame Schmarotzer.

Der eine, die Kleeseide (Cuscuta Trifolii Bab.), umspinnt vom Stengelgrunde aufwärts in eng anliegenden

Windungen die Kleepflanzen (Fig. 21), die dadurch kümmern und schließlich absterben (vgl. S. 116). An dem rosafarbigen fädigen Geflecht der Cuscuta fallen die rötlich-weißen Blütenknäuel auf. Die Bildung des Samens ist eine sehr reichliche. Durch sie wird die Verbreitung des Schmarotzers bewirkt. Außer der Vernichtung der auf der Stoppel zurückgebliebenen Cuscutateile wird Bestreuen mit schwefelsaurem Kali emp-

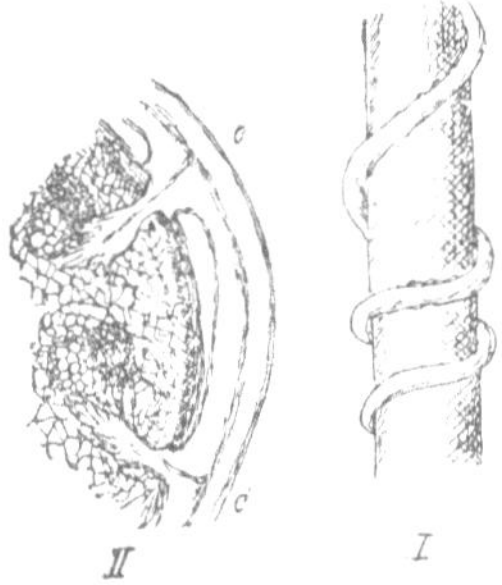

Fig. 21. Cuscuta.
1. Umranken eines Stengels.
2. Querschnitt eines Wirtsstengels, Eindringen der Haustorien des Schmarotzers in die Gewebe des Wirtes.

Fig. 22. Orobanche.

fohlen oder Mittel, die, wie das Überdecken der Erde mit Häcksel, zum Ersticken des Parasiten führen. Außer Klee befällt die Cuscuta auch noch Wicken und Lupine.

Ein anderer zu den höheren Pflanzen gehöriger Schmarotzer, der der Kleewurzel aufsitzt und Saugfortsätze in dieselbe hineintreibt, durch welche er seine Nährstoffe bezieht, ist die chlorophyllfreie Orobanche minor Sck., Kleeteufel genannt (Fig. 22). Dieser Schädling hat in verschiedenen

Gegenden Deutschlands ganze Kleeschläge ruiniert. Nach Angaben von Frank hat man im Badenschen auf einem Quadratfuß 1—5 Orobanchen gefunden. Die große Verbreitung erklärt sich leicht aus der massenhaften Bildung der Samen, deren bis zu 1500 in einer Kapsel gebildet werden und deren sich gegen 70 und mehr an einer Pflanze finden. Zur Bekämpfung des Schmarotzers empfiehlt es sich, dieselben vor der Samenbildung mit ihren Wirtspflanzen herauszunehmen, eventuell auch andere Pflanzen auf den befallenen Äckern zu züchten. In Baden haben Polizeiverordnungen diese Maßnahmen vielfach unterstützt.

Unter den tierischen Schädlingen der Hülsenfrüchte spielen wieder die beiden in früheren Kapiteln genannten Würmer Heterodera Schachtii A. Schmidt (vgl. S. 69) und Tylenchus devastatrix Kühn (insbesondere bei Klee und Luzerne) eine große Rolle. Desgleichen einige Fliegen, Lupinenfliege (Anthomyia funesta Kühn), Schmetterlinge, Erbsenwickler (Grapholitha dorsana F. und nebritana Treitschke), Gammaeule (Plusia gamma L.), Erbseneule (Mamestra Pisi L.), sowie einige Blattläuse, Erbsenblattlaus (Siphonophora Ulmariae Schk.), Bohnenblattlaus (Aphis Papaveris F.). Unter den Käfern machen sich insbesondere einige Bruchus-Arten an den reifen Samen von Erbsen und Bohnen bemerkbar. Man sieht dann in den Samen kugelrunde Löcher von ungefähr 2 mm Durchmesser, welche, solange die Käfer noch in ihnen leben, mit einem Deckelchen geschlossen, oder, wenn die Käfer sie verlassen haben, bereits geöffnet sind.

Kruziferen.

Gehen wir nun zu den Beschädigungen über, welche die zu landwirtschaftlichen Zwecken gezüchteten Kreuzblütler erleiden. Zunächst soll uns eine Krankheit beschäftigen, welche von einem Vertreter der im pflanzlichen System sehr niedrigstehenden Myxomyceten (Schleimpilzen) hervorgerufen wird. Die Plasmodiophora Brassicae Woron. erzeugt an Kohlpflanzen die Kohlhernie, auch Kropf oder Knotensucht genannt. In die Zellen der Kohlpflanzenwurzeln (auch beim Raps, verschiedenen Rüben [Fig. 23], Kresse usw.) wandern die nackten wie Amöben beweglichen Plasmamassen ein und üben durch ihr Auftreten einen Wachstumsreiz auf die Gewebe aus. Die Folge davon ist, daß geschwulstartige überfingerdicke, große Anschwellungen an den Wurzeln entstehen, oder aber es entwickeln sich einzelne kleinere, runde Knoten, welche wie Perlen den Würzelchen anliegen. Besonders mächtig ausgebildet sind die Herniengeschwülste der Hauptwurzel. Zunächst sind sie weiß gefärbt und von fester fleischiger Beschaffenheit. Die mikroskopische Untersuchung von Teilen solcher Anschwellung läßt innerhalb der Gewebezellen die schleimigen Protoplasmamassen (S. 16) mit ihren Kernen erkennen, während man in vorgeschrittenem Stadium deren Umwandlungsprodukte, Sporenmassen, antrifft. Die erkrankten Wurzeln gehen allmählich in Fäulnis über. Damit gelangen die Sporen der Plasmodiophora in den Erdboden. Aus ihnen keimen Schwärmzellen aus, die sich lebhaft bewegen, später ihre Geißel abwerfen und in die Wirtspflanzen einwandern, in deren Zellen sie zu Plasmodien usw. werden. Schon äußerlich bleiben die erkrankten Objekte im Wachstum zurück; sie sehen schwächlich aus und ihre Blätter welken leichter. Als gutes Gegenmittel gegen

Fig. 23. Plasmodiophora Brassicae. Kropfkrankheit an einer Rübe.

den Parasiten wird geregelter Fruchtwechsel empfohlen. Ferner hat sich Desinfektion des Ackerbodens mit Ätzkalk vor dem Bepflanzen gut bewährt.

Eine Erscheinung, welche das Umfallen junger Kohlkeimlinge hervorruft, sei hier noch kurz verzeichnet. Ihr Erreger ist das zu den niederen Pilzen gehörige Olpidium Brassicae Wor. Feuchte Witterung begünstigt das Auftreten des Schädlings.

Auch eine Reihe durch Bakterien hervorgerufener Krankheiten spielt bei Kohl- und anderen Gemüsepflanzen eine große Rolle. Die Verhältnisse liegen hier sehr ähnlich wie bei den Bakteriosen der Kartoffeln und Rüben.

Wie bei diesen unterscheiden wir auch hier Schorfkrankheiten, das sind solche, welche mehr die oberflächlich gelegenen Pflanzenteile ergreifen, und Fäulniserscheinungen, bei denen die inneren Gewebe entweder „trockenfaul" werden oder zu einer breiartigen Masse verjauchen. Im allgemeinen sind diese Vorgänge zurückzuführen auf besondere, die Entwicklung gewisser ständig im Boden lebender Bakterienarten begünstigende Umstände, unter denen Witterungs-, Feuchtigkeitsverhältnisse und verschiedene Bodeneigentümlichkeiten von größter Bedeutung sind. Für eine besondere Gruppe dieser Krankheiten ist es charakteristisch, daß man beim Durchschneiden verschiedener Objekte die Gefäßbündelpartien geschwärzt findet. Nicht nur bei ausgewachsenen Objekten bewirken die erwähnten Erreger die verschiedenartigsten Bakteriosen „Schwarz- und Braunfäulen", sondern auch krankhafte Zustände an den jungen Sämlingen. Diese Erscheinung, Schwarzbeinigkeit der Kruziferenkeimpflanzen genannt, läßt sich zunächst an bräunlichen bis schwarzen Stellen unter den Keimblättern beobachten. Hier gehen die Gewebe in Fäulnis über. Durch ein derartiges Umfallen werden die jungen Keimpflanzen massenweise geschädigt.

Unter den pilzlichen Schmarotzern sei der **Weißrost** der **Raps-, Kohl- und Rübenpflanzen** erwähnt. Der den niederen Pilzen angehörige Cystopus candidus Lév. ruft an Stengeln und Blütenständen weiße Pilzüberzüge und an Blättern verschieden gestaltete Flecken hervor, welche nach dem Platzen der Epidermis ein weißes Pulver ausstreuen. Infolge des Reizes, den der Pilz auf einzelne Gewebe ausübt, entsteht bei diesen eine lebhafte Förderung des Wachstums, welche eigentümliche Mißbildungen an Stengeln, Blütenstandsachse und insbesondere den Blüten hervorruft, deren Teile auffallend verdickt werden. Infolge der Einwirkung des Parasiten kommt es nach dem Vergilben der Blätter in der Umgebung der Pilzflecken, den Orten, wo die Sporenlager sitzen, zum vorzeitigen Absterben. Ebenso wie bei der Kartoffel-Phytophthora keimen die Sporen zu Schwärmern aus, welche die Weiterverbreitung des Pilzes übernehmen. Bestimmt ausgebildete Dauersporen überwintern und übertragen nach mehrmonatlicher Ruhepause die Erscheinung auf die Kulturen des folgenden Jahres. — Das Auftreten des Cystopus ist ein ungemein häufiges. Auf den verschiedensten wildwachsenden Kreuzblütlern treffen wir ihn an; so ist er u. a. auf dem Hirtentäschel ein ständiger Gast.

Ein Verwandter des Weißrostes, Bremia Lactucae Reg. (vgl. Fig. 3), kommt des öfteren als **Schädling des Salates** vor. Die von ihm ergriffenen Teile werden ebenfalls von einem weißen Überzuge befallen resp. mit einzelnen Flecken überzogen. Dies sind die aufliegenden Konidienträger.

Dieselben Pflanzen, welche den Weißrost bewirten, befällt auch der **falsche Meltau** (Peronospora parasitica de By.). Während auf der Unterseite des Blattes ein weißlicher Schimmel an vielen Stellen der Oberhaut wahrnehmbar ist, zeigt die Oberseite an den über diesen Schimmelpartien liegenden Stellen gelbliche Flecken. Mit Hilfe des Mikroskopes kann man aus den Spaltöffnungen der Blattunterseite sehr deutlich die baumartig verzweigten Konidienträger der Peronospora erkennen. Wie beim Weißrost liegt bestimmt ausgebildeten Dauersporen die Aufgabe der Überwinterung ob.

Zwei auf dem Raps als gefährliche Parasiten auftretende Pilze, der Rapsverderber (Sporidesmium exituiosm Kühn) und der Rapskrebspilz (Sclerotinia Libertiana Fuckel), verdienen in hohem Grade unsere Beachtung.

Die schwarzen Pilzfädchen des ersteren finden sich besonders auf noch nicht reifen Schoten, sowie anderen grünen Teilen, welche durch die verderbliche Pilzwirkung getötet werden. Nach den Untersuchungen von Julius Kühn, der die Krankheit zuerst beschrieb, wird der Körnerertrag sehr vermindert. Auf den zu Boden fallenden Pflanzenteilen überwintert der Pilz unter der Schneedecke. Seine Konidien sind ebenso langlebig, wie sie schnell keimfähig sind. Die Keimung wird durch Feuchtigkeit stark begünstigt.

Die Sclerotinia Libertiana haben wir schon als Rübenparasiten kennen gelernt (vgl. S. 67). So selten die Krankheit auftritt, so verderblich ist sie, wenn sie einmal Rapsfelder befallen hat. Da die Art des Befalls und der Entwicklungsgang des Pilzes dem von ihm an Rüben verursachten Krankheitsbilde gleicht, genügt hier der Hinweis auf dieses.

Auch einige durch Insekten hervorgerufene Schädigungen der Raps- und Kohlpflanzen sollen besprochen werden. Die Maden der Kohlfliege (Anthomyia radicum L.) können durch ihre zerstörenden Fraßgänge Entwicklungsstörungen hervorrufen. Weitere Feinde sind verschiedene Schmetterlingsraupen, Kohlweißling, Kohl- und Gemüseeule (Mamestra brassicae L. resp. Mamestra oleracea L.), die

Kohlgallmücke (Cecidomyia brassicae Wtz.), welche in den Rapsschoten massenweise auftreten und die Samen verderben. Erwähnt seien ferner der Kohlerdfloh (Haltica oleracea L.) und der Rapserdfloh (Psylliodes chrysocephalus L.) und verschiedene Rüsselkäfer.

Erwähnt sei noch beiläufig, daß auf dem Spinat ein falscher Meltau (Peronospora Spinaciae Laubert) ziemlich häufig vorkommt.

Spargel.

Der Spargelrost (Puccinia Asparagi DC.) ist Spargelfeldern sehr schädlich. Seine Teleutosporen überwintern auf den Spargelstengeln.

Auch eine Fliege (Trypeta fulminans Meig.), Spargelfliege, deren Maden senkrecht verlaufende Gänge im Innern der Stengel bohren, bringt die Pflanzen zum Absterben.

Zwiebel.

Ein der mehrfach genannten Sclerotinia verwandter Pilz, Sclerotium Cepae Lib., verursacht an Küchenzwiebeln Beschädigungen, die zum Verschimmeln der einzelnen Objekte führen. Nicht nur auf dem Felde wird er beobachtet, sondern auch an Zwiebeln, die in Lagerräumen untergebracht sind. Man beobachtet zunächst ein weißes, flockiges Mycel, daneben aber auch häufig die mausgrauen Rasen der „Botrytis“ (vgl. S. 108). Beide erzeugen Sclerotien. Dieses häufige gemeinsame Vorkommen der Sclerotinia und der Botrytis gab Anlaß zu der Annahme, daß beide Pilze nur verschiedene Stadien eines und desselben Pilzes seien.

Auch ein falscher Meltau (Peronospora Schleideniana Ung.) kann mitunter Zwiebeln, insbesondere den jungen

Steckzwiebeln, schädlich werden. Der Parasit befällt die oberirdischen Teile, in denen sich das Mycel rasch entwickelt und bäumchenartige Konidienträger abschnürt.

Unter den tierischen Schädlingen der Zwiebel erwähnen wir wieder die Tylenchus-Älchen, ferner die Zwiebelfliege (Anthomyia antiqua Meig.), deren Larven (Maden) in jungen Saaten große Schäden anrichten.

Hopfen.

Auf dem Hopfen tritt ein Meltau (Sphaerotheca Castagnei Lév.) auf, welcher auf den Stengeln, Blättern und Kätzchen weiße Meltauüberzüge bildet. Ist der Befall der Kätzchenschuppen sehr stark, so kann die Krankheit die Ernte herabmindern. Da der Meltau auch auf vielen anderen Pflanzen (Kompositen, Rosaceen usw.) sehr verbreitet ist, kommt es leicht zu einer Infektion. — Weiterhin sei das Capnodium salicinum Mont., ein Pilz, welcher den Rußtau des Hopfens erregt, erwähnt. In Gestalt eines schwarzen Überzuges erscheint er als Saprophyt auf der lebenden Pflanze. Durch die Beschattung kann er der Assimilationstätigkeit sehr hinderlich sein. Bereits Goethe versuchte die Erscheinung zu erklären.

Auch unter Blattläusen, Schmetterlingsraupen und einigen Käfern hat der Hopfen stark zu leiden. Der Hopfenkäfer (Plinthus porcatus Panz.) ist unter ihnen der gefährlichste. Dieser Schädling zerstört den Wurzelstock, indem seine Larven denselben durch Gänge zerwühlen. Hierdurch gehen die Pflanzen zumeist zugrunde.

Leinen.

Unsere Leinenfelder haben im Flachsrost (Melampsora Lini Wtr.) einen gefährlichen Feind. Während sich die rostfarbigen Sommersporenlager auf den jüngeren Blättern vorfinden, sind die Wintersporenlager als unregelmäßig große schwarze Flecken am Stengel und an älteren Blättern kenntlich.

c) Obstbäume.

Wenn wir die Zahlen verfolgen, die uns darüber Aufschluß geben, wieviel Obst alljährlich das Deutsche Reich ausführt und wieviel es einführt, gelangen wir zu Resultaten, die uns eigentlich beschämen müßten.

Wie groß unsere Abhängigkeit vom Auslande ist, ergibt sich beispielsweise aus der Statistik des Jahres 1903. In diesem Jahre führte Deutschland an Obst für 12 115 000 M. aus, während sich der Import aus dem Auslande auf 85 598 000 M., also gerade auf das Siebenfache unseres Exportes belief!

Ein sehr wesentlicher Faktor, diesem Übelstande zu begegnen und unsere Obsternten ertragreicher zu machen, wird gerade darin liegen, daß wir durch erprobte Bekämpfungsmittel die Zahl der Schädiger verringern, die alljährlich einen bedeutenden Ausfall der Ernte hervorrufen. Ebenso kann eine scharfe Kontrolle überseeischen Obstes in unseren Seehäfen der Einschleppung von Schädlingen (z. B. San Josélaus aus Amerika) mit gutem Erfolge steuern.

Zu einer rationellen Bekämpfung der Krankheiten gehört aber in erster Linie die Kenntnis von der Art der Beschädigungen, mögen sie durch anorganische Einflüsse oder Organismen hervorgerufen sein.

Unter den Temperatureinflüssen, welche den Obstbäumen empfindliche Schäden verursachen, spielen die Frostwirkungen die größte Rolle. Insbesondere die erwähnten Untersuchungen Sorauers, der gerade dieses Kapitel einem sehr eingehenden Studium unterworfen hat, wollen wir in unserer Schilderung als Grundlage verwerten. Andere Angaben prinzipieller Natur finden sich noch im nächsten Kapitel S. 102.

Nicht immer vermögen Fröste ganze Pflanzen zu töten, ihre Angriffe äußern sich vielmehr in lokalen Beschädigungen. Was zunächst die Blätter anbelangt, so zeigen sich an den Rändern, sowie unregelmäßig auf der Oberfläche verteilt, graubraune Flecken, welche an Apfel- und Birnbäumen späterhin tiefschwarzes Kolorit annehmen. Sie liegen inmitten des gesunden Blattgrüns. Es sind dies die Orte, wo gelegentlich der Maifröste Eisbildung beim Gefrieren stattfand. An den bezeichneten Stellen sind die Oberhautzellen abgestorben und vertrocknet, und häufig ist auch das darunter gelegene chlorophyllhaltige Blattgewebe zusammengeschrumpft. Sehr oft findet man an einem Baume alle möglichen Übergänge von nur wenig gefleckten Blättern bis zu solchen, die durch den Frost ganz verdorben sind.

Auch die Blüten sind oft genug Frostwirkungen ausgesetzt. Späte Frühjahrsfröste, welche Narben und Staubfäden der sich eben öffnenden Blüten beschädigen, verurteilen diese zur Taubblütigkeit. Es kommt dabei gar nicht selten vor, daß die übrigen Teile des Baumes vom Froste unberührt bleiben. Ebenfalls sterben auch die jungen Triebe durch Abfrieren ab. Besonders charakteristisch ist das Absterben der Triebspitzen. An Sauerkirschen wird der hiervon herrührende Spitzenbrand sehr häufig beobachtet. Auch hier sind die jungen Zweige während der Blüte Maifrösten gegenüber noch nicht widerstandsfähig genug. Blätter und Blüten bieten dann einem graugelben Schimmelpilz (Monilia fructigena, vgl. S. 96) gute Gelegenheit zur Ansiedlung.

Äußerst mannigfaltig sind die durch Fröste hervorgerufenen Holz- und Rindenbeschädigungen. Unter dem Namen Rindenbrand werden alle jene Erscheinungen zusammengefaßt, bei welchen Rindenpartien verschiedener Größe absterben. So werden häufig derartige zusammengetrocknete, vom Holze leicht entfernbare Rindenstreifen gefunden, die eine Länge von über 1 m erreichen. Kleinere Brandstellen derselben Herkunft, welche sich vornehmlich im Umkreis von Augen und Knospen befinden, werden Frostspalten genannt. Frostschorf oder Frostrunzeln heißen kleine Erhabenheiten an der Rinde jüngerer Apfel- und Birnbäumchen, welche infolge ihrer vielen Längs- und Querspaltungen ein schuppiges, schorfiges Aussehen gewinnen (Fig. 24). Sorauer gelang es, durch künstliche Kälte an gesunden Obstbaumzweigen dieselben Erscheinungen hervorzurufen, wie sie die Frostspalten zeigen. Während die bisher geschilderten Beschädigungen zum großen Teil der Wirkung von Frühjahrs- und Spätfrösten (im Sommer) zuzuschreiben sind, lassen sich auch Wirkungen von Winterfrösten beobachten. Diese verursachen, wie das Kirschstämme recht deutlich zeigen, ein Aufplatzen der Rinde bis auf den Holzteil. Derartige Rindenspalten sind gewöhnlich die besten Herde für Holzerkrankungen durch eindringende Pilze. Für diese Spalten ist es charakteristisch, daß die Wunde innerlich sich nicht schließt, sondern nur eine Überwallung durch die Rinde stattfindet. Auch beim Rindenbrande finden derartige Überwallungen statt. Es kommt vor, daß selbst bis auf das Kambium und den Splint abgestorbene Brandstellen von den gesunden Rändern aus von Überwallungszonen umgürtet werden, welche den Baum vor Siechtum und Tod schützen. Beim sogenannten Frostkrebs kommt es zur Ausbildung mehrerer Überwallungszonen, die sich terrassen-

Fig. 24.
Frostkrebswunde.

förmig um die tote Stelle legen. Der äußerste Überwallungswulst ist immer der jüngste. Die unter ihm liegenden Zonen sterben gewöhnlich auch infolge von Frösten ab, da ihre Gewebe wenig widerstandsfähig sind. Solche Frostkrebsstellen nehmen die merkwürdigsten Formen an. Man unterscheidet den offenen oder brandigen von dem geschlossenen Frostkrebs, je nachdem eine große ausgedehnte, tote Zentralstelle oder nur ein winziger Spalt von den Überwallungsrändern freigelassen wird. Verschiedene Forscher haben als Ursache derartiger Krebsgeschwülste einen Pilz (Nectria ditissima) bezeichnet, dessen Fruchtgehäuse in Gestalt rosa-rötlicher Pusteln die Ränder besetzen. Dennoch unterliegt es wohl keinem Zweifel, daß dieser in der Tat auch als Schädiger (vgl. S. 123) auftretende Pilz hier nur eine sekundäre Rolle spielt.

Eine Krankheit, welche an Steinobstbäumen, zumal an Kirschen und Pfirsischen, häufig beobachtet wird, ist der Gummifluß. Sie beruht darauf, daß infolge enzymatischer und chemischer Einwirkungen die gesamten Gewebe des Holzes, der Rinde und des Kambiums gummifizieren. Verschiedene äußere Reize, wie Verwundungen während der Saftzeit, sowie das Auftreten eines Pilzes Clasterosporium carpophilum (Lév.) Ad. vermögen auch die Wirkung des Flusses auszulösen. Wenn der Baum „gummt", eine Bezeichnung, welche einer der Erforscher der Krankheit, Aderhold, geprägt hat, treten zähflüssige, knollig erstarrende Tröpfchen aus der Rinde hervor. Auch auf den Früchten sind solche Gummiperlen nicht selten.

Wir kommen zu den Erkrankungen, welche durch parasitäre Pilze hervorgerufen werden. Eine schwere Schädigung erfahren Apfel- und Birnbäume durch die Schorfkrankheit. Von ihr werden die verschiedensten Baumteile ergriffen. Der Erreger des Apfelschorfs ist Fusicladium dendriticum

Fuck. (Fig. 25). Seine Sporen sind leicht durch Regen und Wind übertragbar und rasch keimfähig. Gelangen sie auf noch nicht ausgereifte Früchte, dann erzeugen sie dort in unregelmäßiger Verteilung auf der Oberfläche kreisrunde flockige, schwarze Flecken, deren weißgesäumte Ränder gezackt erscheinen. Mit der Zeit vergrößern sich die letzteren und in den Mitten tritt braune Korkbildung auf. Oft geschieht es, daß diese durchschnittlich 3—5 mm großen Flecken zusammenfließen. Auch im Winter, in Lagerräumen, verbreiten sie sich sehr rasch und verleihen den Äpfeln ein sehr unansehnliches Äußere. Sorauer, der das Eindringen des Mycels in die Oberhautzellen und das unter diesen gelegene Gewebe untersucht hat, fand, daß das Pilzgeflecht in der Epidermis allmählich ganz dicht zusammenwächst. Es gewinnt das Aussehen einer Kruste, welche das parenchymatische Gewebe durch Korkbildung von sich abgestoßen hat. Sorauer erkannte auch, daß die mitunter auf Apfelblättern gefundenen schwarzen Flecken von dem Fusicladium hervorgerufen werden. Bei diesen handelt es sich um die Konidienfruktifikation des Pilzes. Aderhold gelang es, die Zugehörigkeit dieses Pilzes zu der Venturia inaequalis Ad., deren Schlauchfrüchte er auf den überwinternden Blättern fand, festzustellen. Ähnlich ist das Auftreten des Fuscicladium pirinum Fuck, das den Schorf oder Grind des Birn-

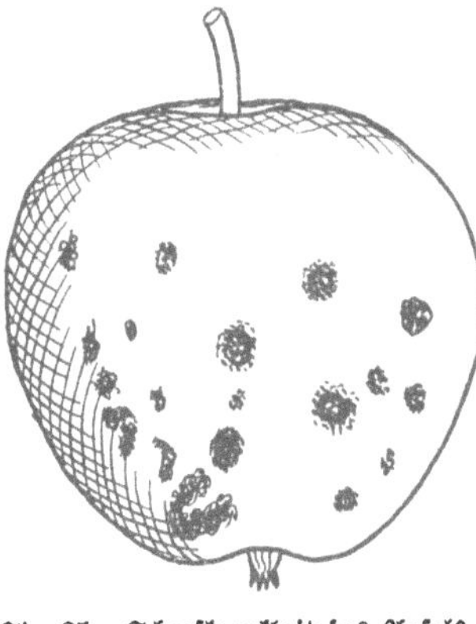

Fig. 25. Schorfkrankheit des Apfels (Fusicladium dendriticum).

baumes hervorruft (Fig. 26). Seine Beschädigungen auf Blättern und Früchten gleichen denen des Apfelschorfes. Er befällt aber auch einjährige Zweige, an welchen er beulenförmige Schorfpusteln hervorruft. Häufig sterben die Zweigspitzen ab und die Knospen vertrocknen. Aderhold gelang es auch bei diesem Pilze, die Zugehörigkeit zu einer Venturia (pirina Ad.) nachzuweisen, deren Schlauchfrüchte sich gleichfalls auf abgefallenen Blättern entwickeln.

Fig. 26. Schorfkrankheit der Birne (Fusicladium pyrinum).

Ein anderer gefährlicher Pilz, Septoria piricola Desm., zeigt auch auf Birnblättern schwarze, durchscheinende, zunächst rötliche, später weißliche Flecken, in deren dürrem Zentrum auf der Unterseite die in Kapseln befindliche Konidienform des Pilzes zu finden ist. Wahrscheinlich besteht ein Zusammenhang unseres Parasiten mit den auf abgefallenen Blättern aufgefundenen Schlauchfrüchten eines als Septoria nigerrima Fuck. beschriebenen Pilzes. Tritt die Krankheit stark auf, dann befällt sie auch die unreifen grünen Früchte und ruft frühzeitigen Blattfall hervor.

Von anderen Blattfleckenkrankheiten des Kernobstes sollen hier nur kurz erwähnt werden: die Blattbräune der Birnenwildlinge (Stigmatea Mespili Sor.) und die Weißfleckigkeit (Sphaerella Bellona Sacc.).

Ein besonders gefährlicher Feind der Birnbäume, sowie auch einiger anderer Kernobstgehölze ist der Gitterrost (Tafel III). Er ist ein Mitglied der interessanten Familie der Rostpilze, die uns schon so oft beschäftigt hat. Und zwar gehört er zu den wirtswechselnden Uredineen (vgl. S. 36). Auf den Birnblättern tritt er in fuchsroten größeren Flecken auf. Während sich auf der Oberseite zunächst in Gestalt kleiner roter Punkte die Spermogonien des Pilzes (Roestelia cancellata Reb.) entwickeln, erscheinen auf der Unterseite des Blattes späterhin die mit unbewaffnetem Auge sichtbaren Äcidienfrüchte der Roestelia. Sie bestehen aus einer Reihe nebeneinander sitzender flaschenförmiger Behälter, die mit einer weißen Haube bedeckt sind. Auch auf den Früchten des Birnbaumes kommen diese merkwürdigen Gebilde vor. Mitunter tritt die Krankheit so heftig auf, daß entweder die Entwicklung des ganzen Baumes gehemmt wird oder nur eine wenig ergiebige Fruchternte eintritt.

Die Wirtspflanze für die Wintersporen ist insbesondere der Sadebaum (Juniperus Sabina L.); aber auch andere Wacholderarten, so die in Gärten und Parkanlagen häufig angepflanzte Juniperus virginiana L., gewähren dem Teleutosporenlager des in dieser Form als Gymnosporangium Sabinae (Dicks.) bekannten Pilzes ein gutes Unterkommen. Dort erscheint er an den Zweigen, an denen er krankhaft angeschwollene, aus der Rinde hervorbrechende rotbraune Erhebungen von gallertiger Beschaffenheit bildet, in denen die Teleutogeneration des Pilzes sitzt. Ähnlich wie bei den anderen Rostkrankheiten (beim Getreide) empfiehlt es sich auch hier, die gefahrbringenden Wirte der letztgenannten Generation aus der Nähe von Obstbäumen zu entfernen.

Unter den anderen heterökischen Rostpilzen, welche unserem Obste gefährlich werden, ist das Cronartium ribicolum Dietr. zu nennen. Es verursacht den sogenannten Blasenrost. Seine Uredosporen und Teleutosporen kommen sowohl auf den Blättern von Stachelbeeren, als auch auf roten und schwarzen Johannisbeeren vor. Man sieht zunächst auf der Blattunterseite kleine gelbliche Punkte, auf welchen allmählich ausgedehntere Flecken mit schlankkegelförmigen Austreibungen sich erheben[1]). Diese Rostflecken sind der Sitz der Teleutosporen des Cronartiums. Seine Becherfruchtform befindet sich auf der Rinde der Weymouthskiefer (Pinus Strobus), ein Nachweis, den wir Klebahn verdanken. In dieser Form wird der Rost auch Peridermium Strobi Kleb. genannt.

Unter den Krankheiten der Stachelbeere erwähnen wir noch den Meltau, hervorgerufen durch die Meltaupilze Microsphaera Grossulariae (Wallr.) Lév. und Sphaerotheca mors uvae (Schwein.) Berk. et Curt. Während der erstere Pilz in Europa seit längerer Zeit bekannt und verhältnismäßig harmlos ist, hat sich der letztere von Amerika aus erst seit dem Jahre 1900, wo er zuerst in Irland auftrat, auch in Europa eingebürgert und sich als der gefährlichste Schädiger der Stachelbeeren erwiesen. Seit 1903 kennt man ihn auch in Deutschland als Schädling der Stachelbeere. — Der Entwicklungsgang des Pilzes ist ähnlich dem des Weizenmeltaues (vgl. S. 41). In zunächst zarten und weißen, später dicken, filzigen, kaffeebraunen Schimmelrasen überzieht er Blätter, Triebe und Früchte, wobei er die befallenen Teile unter Mißbildungen verkümmern läßt.

Unter dem Namen Blattbräune oder Blattseuche der Süßkirschen ist eine Erscheinung bekannt, bei der während des Sommers auf der Blattfläche Flecken entstehen, die einen Durchmesser von durchschnittlich 1 cm Größe haben. Zunächst unterscheiden sie sich vom gesunden Blattgrün nur durch einen helleren Ton in der Färbung. Allmählich werden sie aber gelblich und das Blatt fängt an zu verdorren. Während nun im Herbst die gesunden Blätter abfallen, bleiben die erkrankten am Baume hängen, indem sich ihre Stiele über die Zweige krümmen. In diesem Zustande überdauern sie selbst den Winter und sind im nächsten Jahr

[1]) Die Erscheinung ist auch unter dem Namen „Säulenrost" bekannt.

noch zu finden, wenn die Bäume schon zu grünen beginnen. Darin liegt auch die Gefahr der Übertragung der Krankheit auf die gesunden Blätter, denn ein Pilz, welcher der Erreger der Krankheit ist, nistet in den verdorrten Blättern und Blattstielen. Die Kirschen derartig befallener Bäume verkrüppeln sehr rasch. Besonders den Untersuchungen Franks verdanken wir die nähere Kenntnis dieser Krankheit, welche ein Ascomycel, Gnomonia erythrostoma Auersw., hervorruft.

Ein diesem Parasiten sehr verwandter Pilz, Polystigma rubrum Tul., ist als Erreger der Rotfleckenkrankheit oder Lohe der Pflaumenblätter bekannt (Fig. 27). Die auf den Blättern während des Sommers auftretenden roten Flecken bilden das Lager des Pilzes, das mit dem Blattgewebe verwachsen ist. Die Rotfärbung rührt von den Mycelfäden her. Dieselben verursachen eine krankhafte Auftreibung des Blattgewebes, ohne daß die Epidermis darunter leidet. Diese Anschwellungen, welche den Flecken ein fleischiges Aussehen verleihen, treten besonders auf der Blattunterseite hervor. Auf dieser Seite kann man auch an den bezeichneten Stellen kleine dunklere Pünktchen erkennen, welche die Mündung der Spermogonien darstellen. Auf den abgefallenen Blättern entwickeln sich die Schlauchfrüchte der Polystigma und verschleppen auf diese Weise die Krankheit in das neue Jahr. Zu Beginn des Sommers schleudern sie ihre Ascussporen aus, die bald auf dem Pflaumenlaube zu keimen beginnen. Werden die roten Flecken in größerer Menge auf den Blättern sichtbar, so können sie den Baum in seiner Assimilationstätigkeit empfindlich schädigen.

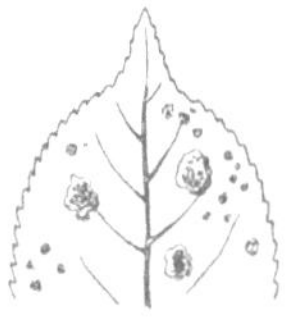
Fig. 27. Pflaumenblatt mit roten Flecken, hervorgerufen durch Polystigma rubrum.

Eine andere Pflaumen- und Zwetschenkrankheit, welche eine Deformierung der Pflaumen zur Folge hat, ist die sogenannte Taschen- oder Narrenkrankheit. Ihr Erreger ist ein Schlauchpilz, Exoascus (Taphrina) Pruni Fuckel, dessen Schläuche sich nicht in Gehäusen entwickeln, sondern nackt aus der Epidermis der Nährpflanze hervorwuchern, wie dies Fig. 4 zeigt. Die Erscheinung, welche oft den Ertrag einer Obsternte schwer schädigt, äußert sich darin, daß die Sporen des Pilzes die noch unreifen grünen Pflaumen oder Zwetschen befällt und ihnen die Gestalt einer zusammengedrückten, langausgezogenen, unten zugespitzten „Tasche“ aufprägt. Allmählich nehmen die Taschen ein ockergelbes Kolorit an, sie schmecken sehr schlecht, überdies fallen sie auch bald ab. Gefährlich ist insbesondere, daß das Mycel in die Äste hineinwächst und so das Übel zu einem perennierenden macht. Auch die Zweige schwellen an und zeigen ein gekrümmtes, „hexenbesenartiges“ Aussehen.

Fig. 28. Taschenkrankheit der Pflaume (links: junge, gesunde, rechts: kranke Pflaume).

Ein naher Verwandter dieses Pilzes, Exoascus Cerasi Fuck., ruft die echten Hexenbesen an der Kirsche hervor. Es sind dies krüppelhafte, verkrümmte Zweige, welche niemals blühen. Sie sind besonders kenntlich, wenn der Baum in Blüte steht, da dann ihre Zweige infolge der hervortretenden, dem übrigen Baume fehlenden Belaubung durch ihr Grün leicht auffallen (Fig. 29). Aus den nestartigen Wucherungen der Äste, welche kurz und verdickt erscheinen, geht das Pilzmycel in die Blätter über, deren Unterseite einen weißen Hauch zeigen, welcher von den Sporenschläuchen herrührt.

Auch dem Pfirsichbaum fügt ein Exoascus (deformans Berk.) eine schwere Schädigung zu, welche allgemein als **Kräuselkrankheit des Pfirsichs** (in Frankreich cloque du pêcher) bekannt ist (Fig. 30). Bereits im Frühjahr beginnen sich bei dieser Erscheinung die Blätter zu kräuseln.

Fig. 29. Kirschenhexenbesen, hervorgerufen durch Exoascus Cerasi.

Ihre Unterseite wird konkav und ein weißer Reif, der von den Sporenschläuchen herrührt, überzieht sie. Auch bei dieser Krankheit vermag das Pilzgeflecht weit in die Zweige hinein vorzudringen. Eine Folge davon ist, daß das Mycel den Winter zu überdauern vermag und im neuen Jahre wieder in die Blattstiele und die Blätter seinen Weg nimmt. In den letzteren breitet es sich wieder aus und ruft die bekannte wellig-krause Mißgestaltung hervor.

Bemerkenswert sind auch einige Pilzkrankheiten des Nußbaums, die häufig genug auftreten und indirekt die Fruchtentwicklung stören. Bei diesen Erscheinungen werden wiederum größere und kleinere Flecken auf der Blattfläche sichtbar, welche inwendig graubraun, außen schwarz erscheinen. Sie werden teils durch eine Phyllosticta, teils durch eine Marsonia hervorgerufen.

Fig. 30. Kräuselkrankheit des Pfirsichs.

Auch die Blätter der Gartenerdbeere zeigen Blattflecke, welche in einem der Phyllosticta verwandten Pilz, der Sphaerella Fragariae Sacc., ihren Erreger besitzen. Die von ihr verursachten Flecken sind besonders durch ihren roten, gesäumten Rand kenntlich. In ihnen treten die Pykniden des Pilzes auf. Diese Erscheinung wird Blattfleckenkrankheit der Erdbeerblätter genannt.

Auch Schimmelpilze sind dem Obstzüchter nicht unbekannt. Wir erwähnten bereits, daß sich auf Obstfrüchten, welche den verhängnisvollen Frostwirkungen ausgesetzt sind, die Monilia fructigena (oder cinerea Pers.) gern einnistet. Darunter leiden in gleicher Weise Pfirsiche wie Äpfel, Birnen und Pflaumen. Besonders in feuchten Jahren läßt sich beobachten, daß die durch die Einwirkung des Pilzes bereits braun, mitunter kohlschwarz gewordenen reifen Früchte auf ihrer Außenseite von einem dicken Polsterschimmel befallen werden, der in bräunlichgrauen, dichtsitzenden, kugeligen Rasen sein Befallsobjekt bedeckt. Sorauer beobachtete auch, daß das Mycel des genannten Pilzes Kirschenblüten zum

Absterben bringt, indem es die Blütenstiele, die Kelche und die jungen Fruchtknoten lebhaft durchwuchert. Man ist zurzeit geneigt, die bisher nur in der Konidienfruktifikation auftretende Monilia als eine zu einer Sclerotinia Cerasi gehörige Form aufzufassen. Doch ist der Nachweis noch nicht einwandsfrei gelungen.

(Über die an Obstbäumen sehr häufig beobachteten holzzerstörenden Pilze, die sogenannten Baumschwämme, vgl. S. 124.)

Unter den tierischen Schädlingen der Obstbäume führen wir zunächst die Läuse an.

Verschiedene Blattläuse aus der Gruppe der Aphiden treten an Kirsch-, Apfel- und Pfirsischbäumen auf. Die Veränderung der Blätter findet in der Weise statt, daß die von den Tieren bewohnte Blattunterseite konkav wird. Mitunter kommt es sogar vor, daß sich ein ganzes Blatt in seiner ganzen Ausdehnung von der Spitze zum Stielansatz nach unten einrollt. Während im allgemeinen bei dem Aphidenbefall die Blattmasse normal bleibt, gibt es auch Fälle, in denen das Blattgewebe „hypertrophisch" anschwillt.

Das Auftreten der Blattläuse wird in Zeiten großer Trockenheit und Hitze besonders schwer empfunden. Das Bedürfnis der Tiere nach den Säften der Pflanze ist dann größer. Zudem tritt auch in diesen Zeiten eine raschere Vermehrungstätigkeit ein.

Einer der lästigsten Feinde unsere Apfelbaumkulturen findet sich unter den Läusen, welche vornehmlich in der Rinde leben und Krebsgeschwülste hervorrufen.

Es ist dies die Blutlaus oder Apfelrindenlaus, Schizoneura lanigera Hausm. Fig. 31 zeigt das Insekt und die Art der Beschädigungen, die es hervorruft. Gekennzeichnet sind dieselben durch weiße wolleartige Flocken, welche die Rinde überziehen. Unter den klumpigen Flocken sitzen in Reihen oder einzelnen Gruppen die Blutlausgesellschaften. Das einzelne bräunlichrot gefärbte Insekt ist kaum größer als 2 mm. Ein besonderes Kennzeichen dafür, daß wir es mit Blutläusen zu tun haben, liefert der rote Saft, welcher beim Zerdrücken der Tierchen hervorquillt. — Sowohl ungeflügelte als geflügelte Läuse sind vorhanden. Die letzteren fliegen gewöhnlich am Ende des Sommers aus. Die weiße Wolle ist ein Erzeugnis der Läuse, eine Ausscheidung von Wachs, dessen sich die Tiere zu ihrem Schutze bedienen. Mit Hilfe ihres Saugrüssels dringen die Tiere bis in die Kam-

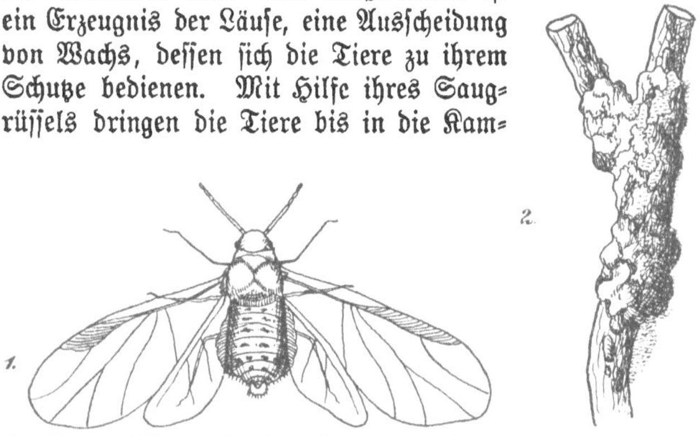

Fig. 31. 1. Geflügelte Blutlaus (Schizoneura lanigera). 2. Apfelbaumzweig mit Blutläusen besetzt.

biumzone vor, wodurch sie eine anormale Zellentwicklung hervorrufen, welche zu wulstartiger Auftreibung des Zweiges führt. Jedoch bestehen die Gewebeelemente der letzteren nur aus einem weichen, schwammigen, parenchymatischen Gewebe. Diese Partien platzen in der kälteren Jahreszeit auf und sterben infolge von Frost ab. Viele der Blutlausgesellschaften gehen hierbei auch zugrunde. Immerhin findet noch ein guter Teil der Schädlinge in Wundrändern und Wundrissen während des Winters Unterkunft und Schutz.

So schreitet denn die Beschädigung von Jahr zu Jahr fort, bis sie zum Absterben erst einzelner Äste, dann ganzer Bäume führt.

Auch an Wurzeln von Apfelbäumen finden wir Anschwellungen, die von Blutläusen herrühren. Der Schaden, den die Schizoneura alljährlich in Obstgärten hervorruft, ist bedeutend, was sich insbesondere auf die rapide Vermehrungstätigkeit zurückführen läßt. Fast alle zwei Wochen werden während des Sommers neue Generationen zur Welt gebracht.

Erwähnenswert sind einige Mückenarten, welche ein Herabfallen durchlöcherter und unreifer Birnen verursachen, so die Birngallmücke (Cecidomyia nigra Meig. und piricola Nördlinger) und die Birntrauermücke (Sciara Piri Schmidl.). In dem vollständig zerstörten Kernhause der Birnen finden sich die kleinen weißen Maden dieser Mücken. — Im Innern von Blättern leben auch Gallmilben (Phytoptus Piri Pag.), welche Anschwellungen des Blattgewebes hervorrufen. Die sehr häufig auftretende Erscheinung ist unter dem Namen „Pockenkrankheit der Birnblätter“ bekannt.

Im Fleische reifer Kirschen findet man weiße Maden, welche durch ihre zerwühlende Tätigkeit die Früchte verderben. Sie sind der Larvenzustand der Kirschfliege (Spilographa Cerasi F.). — Die Früchte des Apfelbaumes haben ihre besonderen tierischen Schädlinge, welche jene entwerten. So finden sich häufig wurmzerfressene Exemplare, teils noch am Baum, teils schon abgefallen, in denen sich die Maden des Apfelwicklers (Carpocapsa pomonella L.) befinden. Die Erscheinung befindet sich auch an Birnen, die gleichfalls wurmstichig sind.

Andere Ernteschädiger von Äpfeln und Birnen sind gewisse Rüsselkäfer (Anthonomus Pomorum L. und A. Piri

Koll), die sogenannten Blütenstecher. Diese Tiere legen ihre Eier in den Knospen ab und ihre bald auskommenden Larven verderben in denselben die normale Entwicklung der Blüte. An einem Loch in den verdorrten Blumenblättern, die geschlossen bleiben, kann man die Stelle erkennen, wo die fertig entwickelten Käfer ausgetreten sind.

Eine große Anzahl von Schmetterlings- und Mottenraupen zerstören unter verschiedenen Erscheinungen Knospen und Blätter von Obstbäumen sowie anderen Laubhölzern. So seien hier nur beiläufig genannt: die Frostspanner (Hibernia defoliaria Cl., Cheimatobia brumata L.), die Goldafterraupe (Liparis chrysorrhoea L.), der Ringelspinner (Bombyx neustria L.), der Schwammspinner Liparis dispar Sch.), der Baumweißling (Aporia crataegi L.)

d) Wein.

Eines der interessantesten Gebiete unserer Wissenschaft sind die Krankheiten und Beschädigungen des Weinstockes. Die großen Epidemien im vergangenen Jahrhundert, welche durch tierische oder pflanzliche Parasiten hervorgerufen wurden und der weinbautreibenden Bevölkerung bedeutende Vermögensverluste eintrugen, haben die allgemeine Aufmerksamkeit auf diese Erscheinungen gelenkt. Auch in Deutschland, das zurzeit eine Anbaufläche von rund 120000 Hektar besitzt und aus seiner Produktion jährlich einen Erlös von über 80 Millionen Mark zieht, ist das Interesse an unseren Fragen erklärlicherweise ein großes.

Aber nicht nur mit pflanzlichen und tierischen Schädigern hat der Weinbauer zu rechnen, auch gegen anorganische Einflüsse muß er sich zu schützen wissen.

Eine Krankheit, welche kleinere oder größere Distrikte von Weinbergen befällt, ist die Gelbsucht der Reben. Die einzelnen nebeneinander stehenden Stöcke zeigen schon beim Herauskommen des jungen Laubes gelbgrüne, mitunter sogar völlig gelbe Blätter. Dieselben sterben gewöhnlich im Laufe des Sommers ab, die Trauben bleiben sehr klein und die Beeren schrumpfen. Tritt die Krankheit an denselben Stöcken jedes Jahr auf, so geht allmählich das Rebholz und mit ihm der ganze Stock zu Grunde. Die Ursachen dieser Krankheitserscheinung sind noch nicht völlig aufgeklärt. Nach der Ansicht Franks ist die Gelbsucht wohl als Symptom verschiedenartiger Erkrankungen der Wurzeln oder Störungen ihrer Tätigkeit aufzufassen. So glaubt Frank, daß das Vorhandensein undurchlässiger Bodenschichten in einer gewissen Tiefe dem Sauerstoffgenuß der Wurzeln Abbruch tue, oder daß das Wasser infolge des nicht porösen Untergrundes nicht weiter sinken kann und dadurch unter Beihilfe von Pilzen (z. B. Dematophora necatrix) das Faulen der Wurzeln herbeiführe. — Hervorzuheben wäre noch, daß insbesondere auf sehr stark kalkhaltigen Böden gelbsüchtige Weinstöcke gefunden wurden. Zur Bekämpfung wird vorzüglich Drainage und gute Durchlüftung des Bodens empfohlen.

Einer anderen Verfärbung des Weinlaubes, deren Ursache auch in anormalen Verhältnissen des Bodens (Bodenerschöpfungen, große Trockenheit) zu suchen ist, zeigt sich bei dem Laubrausch oder der Räusche. Während bei der vorher beschriebenen Krankheit das junge Laub schon gelb hervorkommt, findet hier die Verfärbung erst im Laufe des Sommers an vorher normalen Blättern statt. Die Ränder, sowie die Partien in der Nähe des Blattstiels zeigen in einer deutlich vom Blattgrün abstechenden Zone ein dunkelrotes Kolorit, das mitunter auch in grau oder schwarz übergeht. Es handelt sich hierbei um die bekannte Erscheinung, welche dem Absterben von Blattgeweben vorangeht, bei der im Zellsaft ein roter Farbstoff gebildet wird. Zuweilen ist diese Erscheinung so häufig, daß ein ganzer Weinberg vom Laubrausch befallen wird. Parasiten, wie sie bei ähnlichen Verfärbungen der Blätter zu finden sind, nämlich dem roten und dem schwarzen Brenner des Weinstockes, Krankheiten, die später (S. 106) Erwähnung finden werden, sind hierbei nicht im Spiele.

Frostwirkungen. Es ist eine alte Erfahrung, daß Pflanzenteile Frösten gegenüber den größten Widerstand entgegensetzen können, je saftärmer sie sind (wie z. B. reife Samen). Saftreiche dagegen — zu ihnen gehören gerade solche Pflanzenteile, welche in der Vegetation begriffen sind — werden allzuleicht durch starke Fröste getötet. So erliegen den Winterfrösten Weinstöcke, die womöglich infolge eines Sommers mit niedriger Temperatur und darauf folgendem kurzen Herbst nicht zur vollständigen vegetativen Ausbildung gelangt sind. Ferner treffen besonders Frühjahrsfröste das zarte Laub, das in einer warmen und trockenen Periode hervorgekommen ist. Eine Folgeerscheinung dieser Frühjahrsfröste sind die Frostkrebsstellen, auch Grind des Weinstockes genannt, das sind stark entwickelte Geschwülste am Stocke, welche durch Verwundung des Kambiums entstehen und bei zu großer Anschwellung den Stamm zu töten vermögen.

Als Frostschutzmittel haben sich für Spalierwein und kleinere Anlagen Verpackung der Stöcke in irgendwelches Material wie Sackleinwand, Stroh, Laub, Moos usw. gut bewährt. In größeren Anlagen, wie Weingärten oder Weinbergen, sind mit gutem Erfolg Rauchfeuer in Anwendung gebracht worden (Lemströmsches Verfahren, vgl. S. 142).

Auch der Wind vermag bräunliche Flecken auf der Blattspreite, besonders aber in der nächsten Nähe des Randes hervorzurufen. Wie A. Hansen experimentell, mit Hilfe eines Windapparates, nachweisen konnte, genügt bereits ein mäßiger Wind, sofern er nur konstant weht, um Weinblätter bald mit einem braunen, später schwarzen Rande zu umsäumen.

Ferner sind auch die Wirkungen des Blitzschlages in Weinbergen studiert worden. In einem Falle konnte beobachtet werden, daß die vom Blitze getroffene Stelle eines Weinbergs weithin als kreisrunder Fleck deutlich sichtbar war. Der ganze Bestand dieser Stelle — 335 Rebstöcke — zeigte auf den Blättern eine Menge ziegelroter Flecke. Ebenso konnte an den Geweben der Stengel, insbesondere am Kambium, eine Verfärbung in ein rötliches Kolorit wahrgenommen werden. An diesen Reben vertrockneten auch die Trauben (Frank).

Weit gefährlicher als die genannten elementaren Einwirkungen äußern sich die Schäden, welche das Heer tierischer und pflanzlicher Feinde den Weinanpflanzungen zufügt.

Unter ihnen sind besonders zu nennen die beiden, den Weinbauern als „Meltau"krankheiten bekannten Erscheinungen, der echte Meltau oder Äscherig des Weinstocks und der falsche Meltau, auch Blattfallkrankheit und Lederbeere genannt. Der echte Meltau ist seit dem Jahre 1845 in Europa bekannt, wo er von England her seinen Ausgang nahm. Schon in den nächsten Jahren hatte sich diese Krankheit in rasendem Fluge in den meisten europäischen Weinländern verbreitet und den Wohlstand Tausender vernichtet. Hugo von Mohl wies 1851 nach, daß der Wind die sehr feinen Keimzellen des Pilzes auf die Blätter weht, auf welchen die ersteren sehr bald auskeimen. Ein weißes, mehliges Hyphengeflecht überzieht die Oberhaut der Blätter, auf welchen sie sich mit gelappten Haftscheiben festsaugen, die ihrerzeit sackartige Saugfortsätze in die Epidermis hineinsenken.

Diese und die umgebenden Zellen werden bald getötet und braune Flecken zeigen sich auf den ergriffenen Blättern und Früchten. Bald vertrocknen dann die Blätter und die Beeren, welche zur Zeit des Hauptbefalles noch hart sind, platzen auf und vertrocknen.

Die von dem weißen Mycel auf Trägern abgeschnürten Konidien (vgl. Fig. 6), welche zu ihrer Entwicklung keiner besonders großen Feuchtigkeit bedürfen, sind sofort keimfähig und verbreiten die Krankheit außerordentlich rasch. Diese Konidienform, welche zuerst bekannt wurde, hat man das Oidium Tuckeri Berk. genannt. Nach langen Jahren erst wurde die Zugehörigkeit dieser Konidienform zu den Erysipheen, speziell Erysiphe (Uncinula) necator (Schw.) Burr. festgestellt, ein Pilz, der in Nordamerika auf wilden Reben die Perithecienform des Oidiums bildet. Als ausgezeichnete Bekämpfungsmaßnahme kommt gegen diesen Pilz Bestäuben der befallenen Pflanzenteile mit Schwefelpulver in Anwendung.

Kaum hatte man gelernt, dieses verhängnisvollen Gastes der Weinberge Herr zu werden, als im Jahre 1878 von Amerika her ein neuer pilzlicher Unheilstifter seinen Weg durch die europäischen Weinländer zu nehmen begann. Der falsche Meltau oder die Blattfallkrankheit ist eine Erscheinung, die sich zu Beginn des Sommers durch weiße schimmlige Rasen auf der Unterseite der Blätter zu erkennen gibt (Tafel, Fig. 1), während die Oberseite an den betreffenden Stellen gelbe bis braune Flecken aufweist. Die Blätter vertrocknen, und da sie die Trauben nicht mit den in ihnen gebildeten Stoffen versorgen können, verkümmern auch diese. Tritt der Pilz auch auf den Blüten und den unreifen Trauben selbst auf, so erregt er an letzteren die Lederbeerenkrankheit. Graue Flecke entstehen auf den runzelig und braun werdenden Beeren, welche leicht abfallen (Fig. 32). Der Entwicklungsgang des Erregers, Plasmopara (Peronospora) viticola de By, ist folgender. Das weiße, reich verzweigte Fadengerüst, das nicht etwa, wie das des echten Meltaues, nur auf der Oberfläche haftet, dringt in das Innere der Rebenblätter ein und saugt das Gewebe förmlich aus. Wenn sich der Pilz zur Fortpflanzung anschickt, sendet er durch die Spaltöffnungen der Blätter, welche sich auf der Unterseite befinden, seine Büschel von verästelten Fruchtfäden aus, welche an ihren Spitzen eiförmige Konidien abschnüren (vgl. Fig. 6). Diese besorgen auch die rapide Verbreitung des Pilzes. Der Wind trägt sie fort, und beim nächsten Regen oder Tau keimen sie aus, indem aus ihnen 6—8 Schwärmsporen (ähnlich denen der nahverwandten Phytopthora, vgl. dort S. 54) ausschlüpfen, die mit ihren Keimschläuchen in die Oberhautzellen hineinwachsen. Außer diesen Verbreitungsorganen besitzt die Plasmopara noch eine Fortpflanzungsweise, der ein sexueller Befruchtungsvorgang zugrunde liegt, dessen Entstehungsprodukte die Oosporen sind. Sie vermögen in den abgefallenen Blättern und Trauben zu überwintern. Eine notwendige Vorbedingung für die Bekämpfung ist daher, daß das Laub im Herbst verbrannt wird. Als bestes Gegenmittel erwies sich mehrmaliges Bespritzen der Blätter mit Kupferkalkmischungen (Celestewasser usw.). Nur eine allgemeine Bekämpfung im ganzen Weinbaubezirk, am besten mit Unterstützung der Regierung, vermag der Plasmopora erfolgreich zu begegnen!

Fig. 32.
Lederbeeren am Weinstock (Plasmopara viticola).

Unter den anderen durch Pilze hervorgerufenen Krankheiten möge vorzugsweise noch der beiden Brennerkrankheiten, des roten und des schwarzen Brenners, gedacht werden.

Der rote Brenner ruft insbesondere an Blättern blautraubiger Rebstöcke rote Flecken hervor, welche mitunter einen hellgefärbten Saum zeigen. Die Verfärbung ist in ihrer Verteilung auf der Blattspreite äußerst charakteristisch und nicht mit der des Laubrausches zu verwechseln. Müller-Thurgau stellte als Erreger dieser Krankheit einen Pilz fest, Pseudopeziza tracheïphila, dessen Mycel in die Gefäße hineinwächst. Seine Perithecien reifen an dem abgefallenen Laub. Man tut gut, im Herbst dasselbe zu verbrennen. Auch prophylaktische Kupferkalkbespritzung hatte guten Erfolg.

Der schwarze Brenner des Weinstocks, auch Anthrakose und Schwindpocken benannt, kommt auf allen grünen Teilen des Weinstocks vor. Er erzeugt auf ihnen bereits im Frühjahr schwarze Flecken, welche beim Vertrocknen des Gewebes an diesen Stellen in der Mitte weißlichen Ton annehmen und einsinken, während der alte dunkle Rand etwas plastisch hervortritt. Am empfindlichsten macht sich die Erscheinung geltend, wenn die Reben und die jungen Beeren befallen werden. Hervorgerufen wird die Krankheit durch Sphaceloma ampelinum de By (syn. Gloesporium ampelophagum Sacc.), dessen Fruchtpolster durch die Epidermis hervorbrechen, während die inneren Gewebe vom Mycel des Pilzes durchwuchert werden. Es empfiehlt sich, das kranke Holz zurückzuschneiden und zu verbrennen, und alle Rebteile mit einer 10—15 prozentigen wässerigen Eisenvitriollösung anzustreichen.

Unter der Black-Rot-Krankheit des Weinstocks versteht man eine Erscheinung, die äußerlich der vorigen sehr ähnlich ist, indem dunkle Flecken mit scharfem, schwarzem Saume auf allen jugendlichen Teilen sichtbar werden, wie bei der Sphaceloma, nur daß hier auf den Blättern in der Mitte der Flecken keine Löcher entstehen; vielmehr treten auf ihnen die Pykniden eines Pilzes in Gestalt schwarzer Punkte auf. Während zuerst die Blätter die Flecken zeigen, findet man sie schließlich auf den schon in ganz jugendlichem Zustande geschrumpften Beeren. Auch eine Perithecienform des Erregers der Krankheit, Laestadia (Physalospora) Bidwellii (Ellis), ist vorhanden, welche auf den abgefallenen Beeren zu finden ist. Von ihr entstammende Schlauchsporen vermögen die Krankheit leicht auf gesunde Reben zu übertragen. In Europa spielt diese Krankheit keine große Rolle. In Deutschland ist sie überhaupt noch nicht beobachtet worden. Dagegen ist sie in Amerika einer der gefährlichsten Feinde der Rebe. Wie bei den meisten Weinkrankheiten zeigt sich gerade bei dieser Erscheinung unter den einzelnen Weinsorten ein verschieden großer Grad der Widerstandsfähigkeit gegen die Invasion des Pilzes.

Ähnlich im Auftreten von Pykniden, nur daß dieselben und die in ihnen befindlichen Konidien bei der Laestadia größer sind, erweist sich ein anderer Pilz, Coniothyrium (Phoma) diplodiella Sacc. Derselbe ist der Erreger der Weißfäule oder des White-Rot des Weinstocks. Diese Krankheit ist besonders in Ungarn, Oberitalien und Amerika sehr verbreitet. Der Pilz befällt insbesondere die Trauben- und Beerenstiele und erzeugt auf den Trauben dunkelgeränderte Flecken, denen pustelförmige Pykniden aufsitzen.

Aus der Gruppe der Kernpilze ist das Acladium interaneum Thüm. erwähnenswert, das die Lederbeeren[1]) verursacht. An einzelnen Beeren eines Rebstockes, die braunfarbig und auf der unteren Seite gefaltet aussehen, zeigt sich eine lederartige, sehr dicke Haut.

Ein weiterer Kernpilz, Dematophora necatrix R. H., kann gleichfalls zu einem gefährlichen Feinde des Weinstockes

[1]) Diese Krankheit, welche besonders in Tirol aufgetreten ist, darf nicht mit der S. 104 beschriebenen Blattfallkrankheit verwechselt werden, welche in manchen Gegenden auch Lederbeerenkrankheit heißt.

werden. Dem Weinbauer ist er unter dem Namen: Wurzelpilz der Reben bekannt. Er verursacht das Absaulen der Wurzeln und im Zusammenhange damit das Absterben des ganzen Stockes, ein Vorgang, der sich auf einen Zeitraum von mehreren Jahren erstrecken kann. Die Verbreitung des Parasiten geschieht unterirdisch von Stock zu Stock. R. Hartig, dem wir die Entdeckung und die Kenntnis von dem Entwicklungsgange dieses Pilzes verdanken, hat noch nachgewiesen, daß, nach Bildung eines schimmligen Mycelüberzuges auf den Wurzeln, in den Rissen der Rinde in nahezu regelmäßiger Anordnung sclerotienartige Knollen entstehen. Auf ihnen entwickeln sich hier und da borstenförmige Konidienträger. Auch andere im Weinberg kultivierte Pflanzen, wie Obstbäume, Kartoffeln, Bohnen, fallen dem Parasiten zum Opfer. Das Aussehen der oberirdischen Pflanzenteile zeigt fast dieselben Erscheinungen, wie wir sie bei den Ernährungsstörungen beschrieben haben: kümmerliche Entwicklung des Stockes, leicht abfallende gekräuselte gelbe Blätter.

Einen anderen Pilz wollen wir in diesem Zusammenhange noch aufführen, der ebenfalls Sclerotien hervorbringt. Er gehört jedenfalls zu den Sclerotinien. Seine Zugehörigkeit zu einer bestimmten Spezies ist aber noch nicht mit Sicherheit festgestellt worden. Seine Konidienform, unter dem Namen Botrytis cinerea bekannt, ruft die Edelfäule des Weines hervor, ein Vorgang, durch welchen die Fäulnis der edelreifen Trauben verursacht wird. Allenthalben auf den Weinpflanzen, auch auf den Trauben, können wir die Sclerotien dieses wohl auf jeder fauligen Unterlage als Saprophyten vorkommenden Schimmelpilzes finden, welche aus dem weißen bis graubraunen Mycel ihre Entstehung nehmen. Niemals ist es mir gelungen, aus diesen Sclerotien Becherfrüchte zu ziehen, dagegen sah ich häufig aus den Sclerotien Botrytiskonidienstände hervorbrechen. — Es ist noch zu bemerken, daß dieser Erreger weniger gesunde Pflanzen befällt, als vielmehr solche, die bereits durch irgend einen Einfluß geschwächt und daher weniger widerstandsfähig geworden sind. Daher kommt es auch, daß häufig gleichzeitig mit der Botrytis andere saprophytische Schimmelpilze auf den Trauben und Rebstengeln auftreten.

Wenden wir uns nun zu den Feinden aus der Tierwelt! Unser besonderes Interesse erregt vor allen die **Reblaus**, Phylloxera vastatrix Planchon. 1865 wurde sie zuerst in

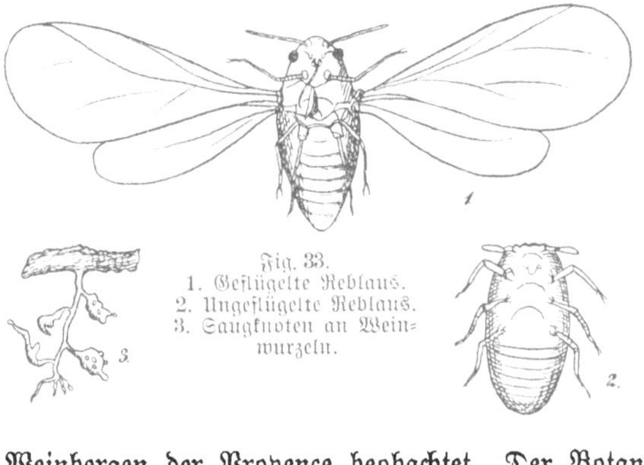

Fig. 33.
1. Geflügelte Reblaus.
2. Ungeflügelte Reblaus.
3. Saugknoten an Weinwurzeln.

den Weinbergen der Provence beobachtet. Der Botaniker Planchon, dem die Feststellung der Entstehungsursachen des Absterbens so vieler Weinpflanzen oblag, erkannte, daß der eigentliche Herd der Krankheit in den Wurzeln gelegen ist. An den noch nicht verholzten Wurzeln lassen sich an den Spitzen der Faserwürzelchen knotenartige, gelblichweiße Anschwellungen, die sogenannten Nodositäten (vgl. Fig. 33 3), wahrnehmen. Dieselben werden hervorgerufen durch das Saugen der unbeflügelten Reblauslarven, eine Tätigkeit, welche während des Sommers geschieht. Ohne befruchtet zu sein, legen sie doch ein jedes mehrere hundert Eier, welche rasch zur Entwicklung gelangen. Die rapide Verbreitung, welche die Reblaus nehmen kann, erklärt sich gerade daraus, daß während eines Sommers bis zu acht Generationen aufeinander folgen können. Vor Beginn des Winters verkriechen sich die Läuse in die Erde, um im nächsten Jahre beim Herannahen der wärmeren Zeit von neuem Eier zu legen. Einige unter ihnen kommen jedoch erst im August an die Oberfläche, um sich in ein geflügeltes Tier (Fig. 331) zu verwandeln, welches bald das Weite sucht, um an anderer Stätte das Zerstörungswerk fortzusetzen. Trotzdem diese Tiere selbst geschlechtlos sind, nehmen aus ihren Eiern ungeflügelte Männchen und Weibchen ihre Entstehung, welche sich begatten. Das aus der Befruchtung entstandene „Winterei" wird von dem Weibchen an geschützten Stellen des Stockes, gewöhnlich unten an der Rinde niedergelegt. Hier überwintert es, im nächsten Frühjahr liefert es dann wieder eine Larve (Mutterlarve) und der Entwicklungsgang beginnt von neuem.

Besonders schwer hat die Reblaus Frankreich, Italien und Österreich-Ungarn heimgesucht. Aber auch in Deutschland ist sie schon in fast allen Weinregionen unheilvoll aufgetreten. In seinen schlimmsten Reblausjahren, 1880 bis 1889, erlitt Frankreich durch dieses unscheinbare Tierchen einen Verlust, der auf 14 Milliarden Frank beziffert wird. Von $2^1/_2$ Millionen Hektar seines Weingebietes erwiesen sich damals eine Million Hektar von der Reblaus befallen.

Im Hinblick auf die große ökonomische Gefahr ist in Deutschland die Bekämpfung dieses Schädlings reichsgesetzlich geregelt worden. Von seiten der Landesregierungen ist auch ein besonderer Überwachungsdienst in den deutschen Weinländern eingerichtet worden. Jeder Reblausherd muß sofort der Behörde gemeldet werden. Privatpersonen ist es nicht erlaubt, eigenmächtig die Ausrottung der Weinberge vorzunehmen. Dieselbe geschieht durch Verbrennen der befallenen und der diesen benachbarten Weinstöcke. Alsdann wird der Boden mittels Petroleums und Schwefelkohlenstoffes desinfiziert und alle Gegenstände, welche verdächtig sind, die Reblaus zu übertragen, werden mit Petroleum gereinigt. Dabei wird immer darauf Bedacht genommen, eine Sicherheitszone zwischen gesundem und zerstörtem Weinland denselben Maßnahmen zu unterwerfen. Auch ist es verboten, aus verseuchten Gegenden Reben zu exportieren.

Nach Europa ist die Reblaus aus Amerika eingeschleppt worden. Dort sind die wilden Reben gegen die Angriffe des Schädlings im Laufe der Zeit längst widerstandsfähig geworden. Diese Kenntnis benutzte man in Frankreich dazu, um amerikanische Reben, welche auch gegen die Reblaus durch eine Rinde geschützt sind, einzuführen und die heimischen edlen Reben darauf zu propfen. Indem so der Wildling das Edelreiß ernährt, bietet seine widerstandsfähigere Unterlage zugleich den trefflichsten Schutz gegen die verderblichen Angriffe des Schädlings. Von dieser Maßnahme haben in der Folge die meisten europäischen Weinkulturländer mit größtem Erfolge Gebrauch gemacht.

Auch unter den Schmetterlingen hat der Rebstock eine Reihe von Feinden. Wir wollen hier nur drei anführen, — alle drei ähnlich in ihrer Lebensweise und ihrer Gefährlichkeit.

Der Sauerwurm (Traubenwickler), Conchylis ambiguella Hübner, hat zwei Bruten. Zunächst tritt die eine Raupe, Heuwurm genannt, während der Blütezeit im Juni auf, Rebenblüten und Knospen in ein Gespinst verwickelnd und die Blütenteile fressend. Nach der Verpuppung entsteht der Schmetterling, Conchylis ambiguēlla (Fig. 34), welcher Eier legt, aus denen wieder Raupen, diesmal kleiner als die ersten, ihren Ursprung nehmen. Sie werden Sauerwürmer genannt. Ihr Auftreten fällt in die Zeit von Mitte August bis September. Sie fressen sich in die reifenden Beeren ein und ziehen sie durch Fäden zusammen. Bald siedeln sich Schimmelpilze an und die Beeren geraten in Fäulnis. Nach der Verpuppung der Sauerwürmer und folgenden Überwinterung entstehen dann im kommenden Frühjahr wieder die Schmetterlinge der ersten Brut. Ein anderer, der bekreuzte Traubenwickler, Grapholitha botrana Schiffn., so genannt, weil sich auf dem Rücken des ruhenden Schmetterlings ein Andreaskreuz zeigt, lebt auch in zwei Generationen. Seine Verbreitung beschränkt sich mehr auf wärmere Gegenden. In Deutschland kommt er vor allem in der Pfalz vor.

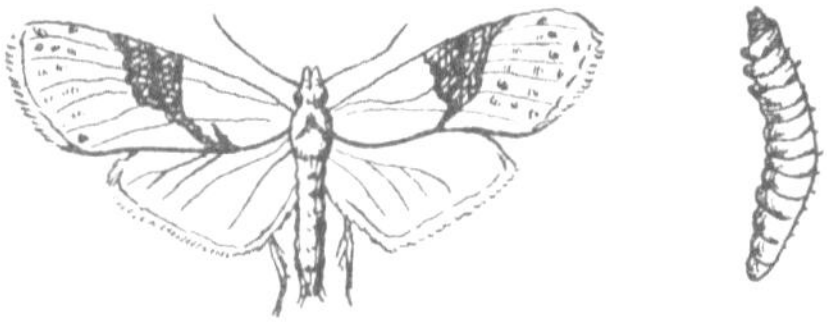

Fig. 34. Heuwurm, Sauerwurm, Traubenwickler (Conchylis ambiguella Hübn.).

Der Springwurmwickler, Tortrix Pilleriana Schiffn., fliegt im Juli und August. Die Weibchen legen ihre Eier auf die Oberfläche der Rebenblätter, welche, nachdem die sehr lebhaften Räupchen entschlüpft sind, von diesen umsponnen und zerfressen werden. In einem grauweißen Kokon überwintern dann diese Raupen, Springwürmer genannt, indem sie sich an geschützte Stellen der Rinde oder Rebpfähle legen, bis sie im nächsten Frühjahr ihre verderbliche Tätigkeit von neuem beginnen. Die Verpuppung findet wieder im Juli statt. Besonders lebhaft sind die Verheerungen des Springwurmes in Frankreich, Ungarn und von deutschen Weinländern in Baden und der Pfalz gewesen.

Unter den Milben befindet sich eine Blattgallmilbe, Phytoptus Vitis Land., welche die Filzkrankheit des

Rebstockes erzeugt. Während auf der Unterseite der Blätter die anfangs weißlichen, später rotbräunlichen Verfilzungen sichtbar sind, krümmt sich die Oberseite nach unten und zeigt, gewöhnlich unter baldigem Eintritt einer Rötung der befallenen Stellen, blasige, bucklige Auftreibungen. Ein derartig befallenes Blatt hat ein vollkommen deformiertes Aussehen.

Andere Beschädigungen der Weinstöcke werden noch durch Käfer hervorgerufen. Unter diesen ist insbesondere ein Rüsselkäfer zu nennen, Rhynchites betuleti Fabr., der sogenannte Rebenstecher (auch Rebstichler). Nachdem derselbe die in Entwicklung begriffenen jungen Pflanzenteile durchschnitten und Blüten und Knospen abgefressen hat, durchschneiden die Weibchen die Blattstiele und Zweige, wodurch sie die Blätter zum Welken bringen. In die von ihnen zigarrenartig eingerollten Blätter legen die Weibchen ihre Eier, aus welchen kleine Larven entschlüpfen, die von dem Blattgewebe leben.

Von anderen das Reblaub zerfressenden Käfern erwähnen wir noch kurz den Dickmaulrüßler (Otiorhynchus sulcatus), den Rebenfallkäfer (Bromius Vitis F.) und den Rebenlaufkäfer (Anomala aënea Deg.). Die Beschädigungen des Rebenfallkäfers sind besonders dadurch charakteristisch, daß seine Larve Gänge in die Blattspreite hineinnagt.

2. In gärtnerischen Anlagen, sowie im Laubwald.

Aus der reichen Zahl von Gewächskrankheiten unserer Laubwälder, Park- und anderen gärtnerischen Anlagen soll nur eine Auswahl besonders hervortretender Beispiele herausgegriffen werden.

Unter den Feinden der Rose spielt ein Meltaupilz, Sphaerotheca pannosa (Wallr.) Lév., bekannt unter dem

Namen Rosenschimmel (auch Rosenweiß), eine große Rolle. Sein Mycel überdeckt als zarter mehliger Überzug Blätter und Zweige der Rosenpflanze, in deren Oberhautzellen die gelappten Saugorgane des Pilzes eindringen, ohne jedoch in die tieferliegenden Gewebe vorzurücken. Jungen Trieben wird der Schmarotzer besonders gefährlich, da er die jungen Blätter und Knospen im Wachstum zurückhält und zum Absterben bringt. Auch Blütenknospen vermag der Schimmel zu vernichten.

Während des ganzen Sommers schnürt der Pilz auf kurzen Trägern seine aufrechtstehenden und reihenweise angeordneten Konidien ab (ähnlich wie der Getreidemeltau Fig. 51). Auch überwinternde Perithecienfrüchte der Sphaerotheca sind bekannt. — Wie gegen die meisten Meltaukrankheiten erweist sich auch beim Rosenweiß Bepudern mit Schwefelpulver als gutes Bekämpfungsmittel.

Eine Krankheit kultivierter wie wilder Rosen, die ebenso wie der Schimmel besonders in nassen Sommern auftritt, ist der Rosenrost (Phragmidium subcorticium Schrank.). Auf der Unterseite der Blätter treten die rostroten Uredopolster hervor, denen die schwarzen Teleutosporenlager bald folgen. Besonders aufgeklärt wurde der Entwicklungsgang des Pilzes durch die Untersuchungen von Frank und J. Müller (1886). Danach erscheinen die Äcidien des Rostes, mit Ausnahme der Zeit vom Dezember bis März, während des ganzen Jahres auf der Unterseite der Blätter und ihrer Stiele. Auch an Blütenkelchen und Stämmchen, an denen die Äcidien erscheinen, treten Deformierungen ein. Leider liegt in dem immer empfohlenen Einsammeln oder Abschneiden der erkrankten Organe nur eine halbe Bekämpfungsmaßnahme, da das Mycel der Äcidienform in Rinde und Holz des Stammes überwintert. Die Äcidiumsporen keimen auf den Blättern gut aus und dringen durch die Spaltöffnungen in das Gewebe ein. Weiterhin erzeugen sie dann wieder die erwähnten Uredohäufchen und Teleutosporen des Phragmidiums.

Bemerkenswert sind noch die eigenartigen kugeligen, dicken Rosengallen. Durch den Stich der Gallwespe Rhodites Rosae L. werden sie an Zweigen und Blättern der Hecken- und Weinrose erzeugt. Gewöhnlich sind sie umgeben von einem Wulste moosartig sich kräuselnder Faserbüschel von grüner oder roter Farbe. Solche Gebilde hat der Volksmund Rosen- oder Schlafäpfel genannt.

Bereits bei der Besprechung der Getreideroste wurden zwei Fälle erwähnt, bei welchen Wirtswechsel der ersteren mit Laubholzpflanzen vorkommt. Während Getreidepflanzen und der Berberitzenstrauch denselben Rostpilz (Schwarzrost) beherbergen, kommt ein Entwicklungsstadium des Kronenrostes auf dem Faulbaum (Rhamnus cathartica und Frangula) vor. Beim Berberitzenrost findet sich die Äcidienform der Puccinia graminis auf der Blattunterseite und den jungen Früchten. Hierhin wurde der Pilz durch die von den Teleutosporen erzeugten Sporidien verschleppt. Während die Oberseite der Blätter etwas eingesenkt einen Flecken geröteten Gewebes erkennen läßt [1]), werden auf der Unterseite kleine rostrote Becherchen auf gelblichen Gewebepartien, in Polstern gruppiert, sichtbar. Seitdem erwiesen ist, daß die Äcidiumsporen auf die Getreidepflanzen übergehen, entfernt man als Vorbeugungsmittel gegen diesen Getreiderost die Berberitzen.

Das auf den Faulbaumarten vorkommende Äcidium des Kronenrostes tritt hier sowohl an Keimpflanzen als auch erwachsenen Pflanzen auf. Zweige, Blüten, Blütenstiele, Blattstiele und Blätter werden von den Äcidien-

[1]) Hier sitzen die S. 37 erwähnten Spermogonien.

bechern in dicken gelbroten Polstern besetzt. Besonders zahlreich treten dieselben an den Blattrippen auf.

Auch auf den Blättern und Triebspitzen von Weide und Zitterpappel (Populus tremula) tritt ein Rostpilz in ähnlicher Weise wie seine vorherbesprochenen Verwandten auf. Im ersten Falle ist der Erreger die Melampsora Hartigii Thum., deren Cäomaform als Caeoma ribesii Lk. auf Stachel- und Johannisbeerarten vorkommt. Den Pappelrost verursacht die Melampsora Tremulae Tul., ein Pilz, der seinen Wirt mit der Kiefer wechselt, wo er als Caeoma pinitorquum A. Br. (vgl. S. 130) auftritt.

Ein zu den höheren Pflanzen gehörender echter Parasit, Cuscuta europaea, sei hier noch als empfindlicher Feind der Weiden genannt. Chlorophyllapparat und Blätter des Schmarotzers sind stark zurückgebildet, so daß seine Nahrungsaufnahme fast ausschließlich auf Kosten des Wirtes geschieht, den sein Stengel, wie Fig. 211 zeigt, in fester Umarmung umklammert hält. Das Eindringen in die Weidenzweige besorgen eigentümliche Saugorgane (Fig. 212). (Andere Vertreter derselben Familie werden insbesondere Leinen, Hanf, Hopfen und Brennesseln gefährlich.)

Ein Pilz, der wohl auf den meisten Laubhölzern zu finden ist, ist die Nectria cinnabarina Tode. Überall, wo Hölzer oder Holzteile durch Frost getötet (vgl. S. 88) wurden, siedelt sie sich an. Auch in lebende Pflanzen dringt sie an Wundstellen ein. Die zinnoberroten Konidienpolster des Pilzes treten wie rote Pusteln in großen Mengen aus der Rinde hervor (Tafel, Fig. 4). Man hat die Erscheinung deshalb auch als Rotpustelkrankheit bezeichnet. Später entwickeln sich erst die dunkelrot gefärbten und viel größeren Perithecien der Nectria. Das Mycel des Pilzes wächst in den Gefäßen des Holzkörpers, diesen schwarz färbend. Infolge der stockenden Saftleitung sterben die Blätter gewöhnlich frühzeitig ab, und die befallenen Äste — bei Stamminfektionen auch ein ganzer Baum — gehen zugrunde. Eine auffallende Erscheinung ist es, daß die Nectria lebendes Rindengewebe und Kambium nicht angreift. Diese Partien werden gewöhnlich erst befallen, nachdem Frost oder Vertrocknung sie zum Absterben gebracht hat.

Auf gesunden grünen Blättern verschiedener Ahornarten lassen sich häufig bis über $1^1/_2$ cm große schwarze Flecken beobachten. Sie sind unregelmäßig auf der Blattfläche verteilt. Die Erscheinung hat man den **Runzelschorf des Ahorns** genannt (Fig 35). Die Flecken stellen Sclerotienzustände des Discomyceten Rhytisma acerinum (Pers.) dar. Auf den abgefallenen Blättern entwickeln sich im Frühling die Becherfrüchte des Pilzes, deren Sporen ausgeschleudert werden und mit Hilfe des Windes die Krankheit rasch verbreiten.

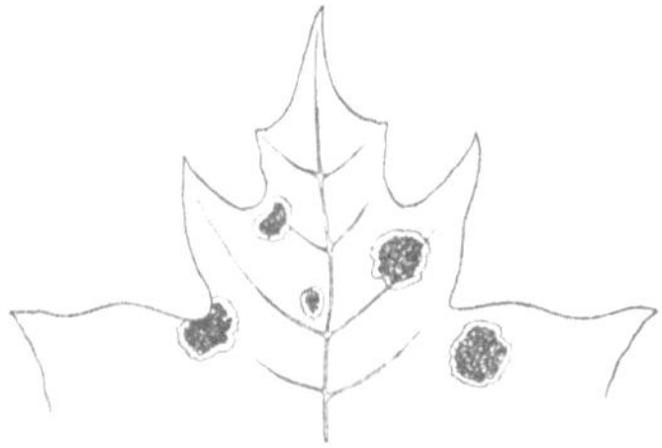

Fig. 35. Runzelschorf des Ahorns (Rhytisma acerinum).

Zunächst beobachtet man auf dem grünen Blatte gelbliche Flecken, die dann im Hochsommer schwarze Färbung annehmen. Durch diese Fleckenkrankheit werden mitunter ganze Alleen und Parkanlagen verunziert. Man tut gut, im Herbst die Ahornblätter einzusammeln und zu entfernen.

Unter dem Namen „**rote Spinne**“ ist dem Gärtner eine kleine rötliche, achtbeinige Milbenspinne (Tetranychus telarius L) wohlbekannt, welche an den verschiedensten Baum- und Straucharten durch ihr Saugen eine eigenartige Blattdürre hervorruft. Der Schädling tritt besonders in Zeiten größter Hitze im Sommer auf und kann in kurzer

Zeit ganzen Anlagen sehr lästig werden. Die von ihm befallenen Triebe bleiben gewöhnlich bald im Wachstum zurück. Von Holzgewächsen sind es vor allem Linden, Weiden und Roßkastanien, auf deren Blattunterseiten wir die Milben als kleine rötliche Punkte erkennen können. Auch Gewächshauspflanzen, wie die Musa und die verschiedensten Zierblumen, bleiben von dem Schädling nicht verschont. Diese Blattdürre ist durch eine merkwürdige Verfärbung der Blattfläche gekennzeichnet. Man beobachtet, daß das ganze Blattgrün von gelblichbleichen Punkten übersät ist, welche später

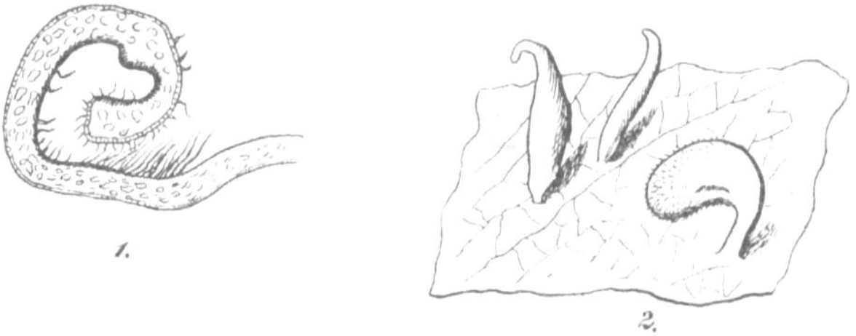

Fig. 36. 1. Lindenblatteinrollung durch Phytoptus. 2. Beutelgallen von Phytoptus auf Blättern.

immer gelber bis gelbbraun werden. Zuweilen kann man auch rötliche Flecken erkennen. Ein jeder Punkt stellt die Angriffsstelle der Milbe dar, an der sie ihre saugende Tätigkeit begann. Die Blattfläche gewinnt durch diese verschiedenfarbige Punktierung ein scheckiges Aussehen.

Bereits in vorhergehenden Kapiteln (Obstbaum-, Weinkrankheiten) erwähnten wir die eigenartigen Verunstaltungen und Beschädigungen, welche eine andere Milbengattung, die Phytopten oder Gallmilben, erzeugen. In den von ihnen dem Pflanzenkörper beigebrachten Gewebewucherungen, den Gallen oder Cecidien (Fig. 36), finden sie ihre Ernährung und besorgen ihre Fortpflanzung. Aus den Eiern entwickeln sich rasch die Jungen, die, nachdem sie sich mehrfach häuteten, Geschlechtsreife erlangen. Die Überwinterung dieser nur auf perennierenden Kräutern und auf Holzpflanzen vorkommenden Milben geschieht zumeist in den Knospen, in die sie aus den Gallen einwandern. Noch im Frühling sind die Milben und deren Eier in den Knospengallen zu finden. Ende Mai, Anfang Juni verlassen sie aber die letzteren, welche inzwischen braune Färbung angenommen haben und der Vertrocknung anheimfallen. Dann wandern die Tiere in großen Zügen zu den jungen Trieben und bevölkern die jungen Triebknospen, welche durch den Reiz der Milben zu stärkerem Wachstum angetrieben werden. Gallen werden überhaupt nur an jugendlichen Geweben erzeugt. Auf den Blättern werden sie zu der Zeit gebildet, wenn die Knospen austreiben. Die Erzeugung der Gallen selbst erfolgt durch die ausgewachsenen Tierchen, welche ihre Eier erst in dem fertigen Gehäuse unterbringen.

Die durch Phytopten hervorgerufenen Gewebeveränderungen sind sehr verschiedener Natur. Mitunter finden wir auf Blättern nur eine besonders reichliche Produktion von Haargebilden, welche bei den einzelnen Wirten verschieden sind (Fig. 36 1). Dichte, filzige Flecke von auffallender Färbung kennzeichnen auf dem grünen Blatte den Ort, wo sich die Cecidien befinden. Hier ist auch der Aufenthaltsort der Milben und ihrer Eier. Einen Fall dieser „Filzkrankheiten“ (auch Erineumbildung) lernten wir bereits beim Befalle der Weinblätter durch die Gallmilbe kennen (S. 112). Wohl an den meisten unserer Parkhölzer nehmen wir diese Beschädigungen wahr.

Zuweilen erzeugen die Milben auch Faltungen und Rollungen der Blattfläche, ohne daß jedoch das Blatt seiner Gestalt nach wesentlich verändert wird (Fig. 36 1). Es kommt höchstens dazu, daß sich an den betroffenen Partien die Blattmasse verdickt und Randknoten oder Wülste entstehen.

Aber auch Formänderungen mannigfacher Art lassen die Tätigkeit der Gallmilbe erkennen. An Blättern beispielsweise bewirken sie eine Zusammenziehung und Zerklüftung der Blattmasse, die häufig von Filzhaarbildung und Einrollung begleitet ist. An jungen Sproßspitzen und Knospen hingegen zeigt sich die Deformation gewöhnlich in einer Verkürzung der Knospenachsen und einer räumlichen Vergrößerung der einzelnen Knospen zu rundlichen Köpfen. Sie wird hervorgerufen durch Verdickung der einzelnen Knospenblätter und Schuppen, mit welcher wieder reichliche Erzeugung von Haaren verbunden ist. Zuweilen kommt es auch vor, daß selbst im Innern von Blättern das grüne Gewebe Anschwellungen aufweist, eine Erscheinung, die sich schon äußerlich durch blasige, dunkle Flecken zu erkennen gibt (Pocken des Birnbaumes, vgl. S. 99). Bemerkenswert sind noch die Sackgallen (auch Taschen- und Beutelgallen), auswuchsartige Ausstülpungen, welche bis über 1 cm über die Blattoberfläche hervorragen (Fig. 362). Der Eingang der Galle liegt immer auf der Unterseite des Blattes. Hier hat auch die Infektion ihren Ausgang genommen. Die Innenwandung ist wiederum reichlich von Erineumhaaren besetzt[1]).

Auch die zuletzt genannten Erscheinungen sind an den meisten Gehölzpflanzen unserer Gärten und Parkanlagen zu finden.

Erwähnt sei noch, daß gerade in den letzten Jahren durch die zahlreichen Untersuchungen Küsters (vgl. Einleitung S. 14) die Erforschung der Gallen weit fortgeschritten ist. Küster ist es u. a. auch gelungen, durch Einwirkung äußerer Einflüsse (z. B. Benetzen mit Wasser) gallähnliche Gewebewucherungen an Blättern hervorzurufen.

[1]) Daß in den verschiedentlich gebildeten Höhlungen der Sitz der Milben und ihrer Brut ist, braucht wohl nicht erst erwähnt zu werden.

Unter den in Parkanlagen vorkommenden phanerogamen Parasiten sind noch zwei Vertreter der Familie der Loranthaceen erwähnenswert. Der eine, die Mistel (Viscum al-

Fig. 37. Misteln auf Schwarzpappel (nach F. Cohn).

bum L.) (Fig. 37), ist wohl den meisten unserer Leser aus der Sage und von vielen ehrwürdigen Volksbräuchen her bekannt. Der Schmarotzer lebt auf den meisten unserer heimischen Laubbäume, darunter auch auf Obstbäumen, sowie auf Weißtanne und Kiefer. Er gehört zu den immergrünen Gewächsen. Zumal im Winter, wenn längst das Laub des Wirtes abgefallen ist, fallen uns die klumpigen Ballen mit ihren lederartigen dunkelgrünen Blättern besonders auf, die mit einem kurzen Sockel dem Nähraste aufsitzen. Wie unsere Abbildung (Fig. 38) zeigt, entziehen auch bei der Mistel besondere Saugwurzeln, sogenannte „Senker", dem Wirte Nährsalze und vielleicht auch Eiweißstoffe. Nutzholz insbesondere sinkt durch den Schädling im Werte, da überall dort, wo die Senker den Holzkörper durchbohren, im Holze Löcher entstehen. Auf Eiche sind Misteln erst in neuester Zeit beobachtet worden (v. Tubeuf). Ein anderer Vertreter aber ihrer Familie, Loranthus europaeus R. Htg., die Riemenblume, auch Eichenmistel genannt, bewirkt an diesem Laubholz ähnliche Schäden. Ebenso wie bei der Mistel besorgen hier Vögel, besonders Drosseln, durch Ankleben des „leimigen" Samens der Schmarotzer an Äste, vorzugsweise die Verbreitung.

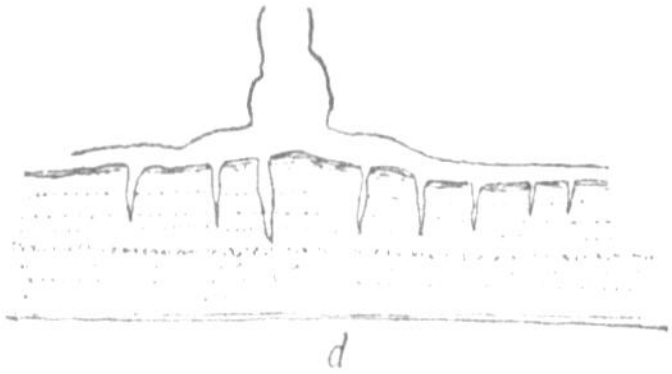

Fig. 38. Saugwurzeln von Viscum album in einem Zweig.

Noch andere Eichenschädlinge seien hier angeführt. Zunächst der Eichenwurzeltöter, Rosellinia quercinia R. Htg. Dieser Pilz, der besonders in Norddeutschland großen Schaden angerichtet hat, führt seine Wirte einem allmählichen Vertrocknungsprozeß entgegen, indem er, wie der Name schon besagt, die Wurzeln zerstört. Besondere Überwinterungszustände (Sclerotien), aus denen eine Menge starker Fäden hervorgeht, sogenannte Rhizomorphen, sorgen für rasche Übertragung von Pflanze zu Pflanze, indem jene die Wurzeln benachbarter Stöcke umspinnen.

Ein anderer, dem ebengenannten Schädling nahestehender Pilz, Aglaospora Taleola Tul., ist als Eichenrindenzerstörer bekannt (Eichenrindenpilz).

Unter der großen Zahl der dem Eichbaum feindlichen Insekten — man kennt deren ungefähr 100 — verdient der Eichenprozessionsspinner (Cnethocampa processionea L.) insbesondere unsere Beachtung. Die Raupen dieses Schmetterlings zerfressen das Eichenlaub — junge Blätter vollkommen, während sie bei älteren nur die Rippen verschmähen. Bei starkem Befall kann sogar Kahlfraß eintreten. Wenn sich die Erscheinung mehrere Jahre hindurch wiederholt, werden ältere Eichen zopfdürr, während jüngere zugrunde gehen können.

Das Auftreten dieser Raupen ist ein scharenweises. Von der Zeit an, da die Räupchen aus den überwinterten Eierhäufchen ausschlüpfen, leben sie in Gesellschaften zusammen, Nahrung, Häutung und Verpuppung gemeinschaftlich vornehmend. Ihre Ruheplätze, welche an geschützten Stellen, besonders an Astgabeln, zu finden sind, bilden sie durch ihre Gespinstfäden und durch Anhäufen von Kot und Häuten zu Nestern, welche durch ihre beträchtliche Größe in die Augen fallen. Nach Sonnenuntergang treten die Raupen aus dem Gespinstballen heraus und marschieren eine hinter der anderen prozessionsartig nach oben der Laubkrone zu, um sich Nahrung zu verschaffen. Nachdem sie diese dem Blattschmuck äußerst gefährliche Tätigkeit verrichtet haben, kehren sie wieder am Morgen in geschlossenem Zuge zu ihren Ruheplätzen zurück.

Auch die Buchen haben unter den mikroskopischen Organismen ihre besonderen Feinde. Ein dem Erreger der Rotpustelkrankheit (S. 116) nahe verwandter Pilz, Nectria ditissima Tul., vermag insbesondere an Rotbuchen in Wundstellen, die durch äußere Einflüsse (Frost, Hagel usw.) entstanden sind, sich anzusiedeln. Sein Mycel dringt in den Holzkörper ein. Wulstartige Krebsbildungen kennzeichnen schon äußerlich an aufgeklappten Rindenstellen die Krankheit (*Buchenkrebs*).

Fig. 39. Buchenblattgallen, hervorgerufen von Hormomyia Fagi.

Besonders Buchenkeimlingen gefährlich wird die Phytophthora Fagi R. Htg., ein naher Verwandter des Erregers der bekannten Kartoffelkrankheit. Bei seinem Erscheinen schrumpfen infolge der Invasion des Schädlings die Stengelchen ein, die Keimlinge werden schwarz und gehen bald zugrunde (*Keimlingskrankheit der Buche*).

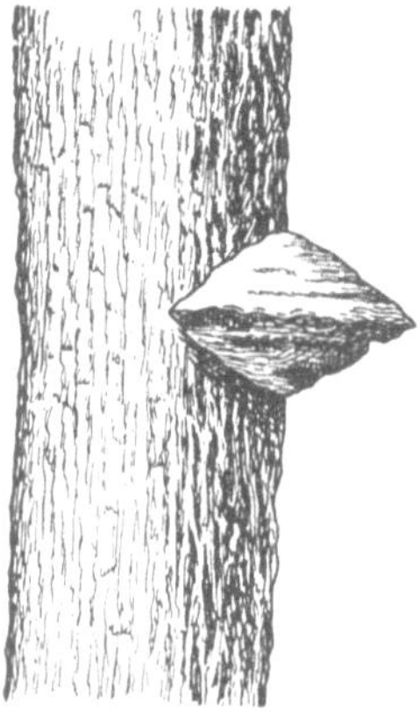

Fig. 40. Baumschwamm (Polyporus fomentarius).

Eine auf Rotbuchenblättern häufige Erscheinung ist eine Galle, welche dem Stich der *Buchengallmücke*, Cecidomyia (Hormomyia) Fagi Htg., ihre Entstehung verdankt. Wie Fig. 39 zeigt, handelt es sich auch hier, ähnlich wie bei den Milbengallen, um eine Anschwellung der Blattmasse und eine durch das Eindringen des Schädlings in das Innere des Blattes entstandene Höhlung, welche man als „Larvenkammer“ bezeichnet.

Bereits bei den Obstbäumen erwähnten wir das Vorkommen der äußerst verderblichen, holzzerstörenden Pilze, der Polyporeen oder *Baumschwämme*. Fig. 40 zeigt einen Fruchtkörper eines Mitgliedes dieser Familie, der die für Polyporeen charakteristische Konsolenform besitzt. Den meisten unserer einheimischen Laubbäume können die Baumschwämme sehr gefährlich werden. Ein naher Verwandter derselben ist der an Bauhölzern vorkommende Merulius lacrymans Jacq., der unseren Lesern als „echter Hausschwamm“ gewiß bekannt ist.

3. Im Nadelwald.

Unter den pilzlichen Feinden unserer Nadelhölzer unterscheiden wir nach Art des Befalls: Wurzelpilze, Holz- und Rindepilze, Nadelpilze und Zapfenpilze.

Von den Wurzelpilzen ist wohl der Hallimasch (Agaricus melleus L.), ein Hutpilz, einer der häufigsten Schädlinge (Fig. 41). Auf den verschiedensten Laubhölzern treffen wir ihn saprophytisch an (Buche, Birke, Prunusarten, Eberesche, und als Wundparasit auf Eiche). — Stümpfe derartiger Hallimasch tragender Hölzer, welche von der früheren Bestockung her noch zurückgeblieben sind, vermögen in Nadelholzpflanzungen großen Schaden anzurichten, da der Pilz in letzteren als reiner Parasit auftritt. Zumeist bedroht er dann Kiefern, Weymouthskiefern und Fichten, welche er allmählich zum Absterben zwingt. Bevorzugt der Schädling zumal gerade jüngere Gewächse im Alter von 3—15 Jahren, so vermag er immerhin auch bis 100jährige Pflanzen zu töten. Das Krankheitsbild ist ungefähr das folgende:

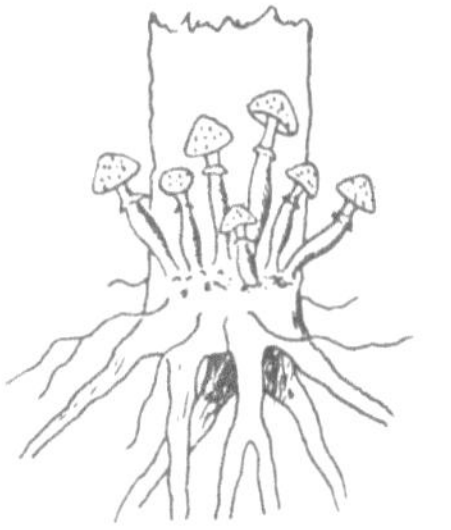

Fig. 41. Agaricus melleus. Hallimasch mit Rhizomorphensträngen.

Man beobachtet an Stellen, wo durch Entfernung der Rinde der Holzkörper des Wurzelstockes und der darüberliegenden Partien bloßgelegt ist, sowie an Wurzeln einen schneeweißen kompakten Überzug, das Mycel des Hallimasch.

In Verbindung mit dieser weißen Haut stehen lange, schwarzbraune Stränge mit lebhafter Verästelung, die teils aus der Rinde der Wurzeln hervorbrechen, teils äußerlich dieselbe umklammern. Diese Mycelform, „Rhizomorpha" genannt, ist die hauptsächlichste Überträgerin der Krankheit, indem ihre Ausläufer unterirdisch für die Verbreitung jener von Stamm zu Stamm Sorge tragen. Die Rhizomorphen durchbohren die Rinde der gesunden Nadelholzwurzeln, wachsen in derselben in Gestalt schneeweißer, bandartiger Stränge, die sich häufig fächerförmig verbreiten, weiter und zerstören Bast- und Kambiumschicht. Auch im Splint richten die Pilzstränge große Verheerungen an. Sie zerstören die Harzgänge und lösen die benachbarten Gewebezellen auf, dadurch große Hohlräume schaffend. Ein feines filzartiges Pilzgeflecht, welches äußerlich an der Spitze der Rhizomorphen entsteht, übernimmt vornehmlich dieses Zerstörungswerk, während andere Fäden desselben weit in das Innere des Holzstammes eindringen, wobei sie den Weg durch die Markstrahlen bevorzugen. Bei diesen Vorgängen werden Zellinhalt und Zellwandungen in ein Terpentinöl umgewandelt, welches infolge seiner Schwere nach abwärts rinnt und sich entweder zwischen Holz und Rinde oder an brüchigen Stellen der Rinde frei nach außen in die Erde ergießt. Dieser Erscheinung verdankt auch die Krankheit den besonders bei Forstwirten eingebürgerten Namen „Harzsticken" oder „Harzüberfülle", auch Erdkrebs. Die Bildung der Fruchtträger, welche auf der Rinde des Wurzelstockes der abgestorbenen Bäume, sowie an den auf der Erde frei wachsenden Rhizomorphen stattfindet, geht gewöhnlich im Herbst bei feuchter Witterung vor sich. Dann sieht man überall die honigbraunen Hütchen des Hallimasch auf den rötlichbraunen Stielen dichtgedrängt auf oder in der Nähe ihrer abgestorbenen Wirte sitzen.

Eine interessante Eigentümlichkeit des Holzkörpers, der durch den Parasiten zur sogenannten „Weißfäule“ gebracht wird, ist starkes Leuchten während der Nacht. Diese Phosphoreszenzerscheinung ist eine Lebensäußerung des weißen Pilzmycels, welche bald nach seinem Tode aufhört.

Leider ist die Erkennung der Krankheit äußerlich kaum früher als ein Jahr vor dem Tode des Baumes möglich. Außer den genannten Symptomen: Anschwellen des Wurzelstockes und Harzerguß, äußert sich zunächst die Krankheit in Vergilben und Abfallen der Nadeln und Eingehen der Triebe.

Als den gefährlichsten Parasiten der Nadelholzbestände bezeichnet R. Hartig den Wurzelschwamm (Trametes radiciperda R. Htg.), welcher die Wurzelfäule verschiedener Gehölze und die Rotfäule des Holzkörpers erzeugt. Wie bei dem Hallimasch geht auch hier die Ansteckung unterirdisch von Stamm zu Stamm vor sich. Unter Umständen ist aber auch eine Übertragung durch Sporen möglich.

Auch die Zerstörung des Wirtes geht immer von den Wurzeln aus, doch ist der Krankheitsverlauf bei den einzelnen Hölzern verschieden. Während das Pilzmycel bei den meisten Wirtpflanzen bis zu beträchtlicher Höhe im Stamme aufwärts wächst, hindert die starke Verharzung des Wurzelstockes bei der gemeinen Kiefer ein weiteres Vordringen.

Sobald das Mycel in das lebende Rindengewebe eingedrungen ist, sind verschiedene Wege zu einer vollständigen Zersetzung des Holzkörpers möglich. Mit großer Schnelligkeit dringen die Hyphen in ihm aufwärts, ihren Weg durch Violettfärbung des Holzes kennzeichnend. Diese Erscheinung wird durch die fermentative Wirkung des Mycels bewirkt. Dabei werden die Inhaltsbestandteile der Zellen gewöhnlich dunkel gefärbt. Nach dem Verluste jener verschwindet auch die Verfärbung, nur schwarze Flecken bleiben stellenweise zurück. Das Holz wird immer poröser und schwammiger, bis das Gewebe allmählich zerfasert.

Auch können die Mycelfäden in das Innere der Holzelemente vordringen, die Membranen durchwachsen und ihren Weg in das Mark nehmen.

Die Zersetzung des Holzes beginnt mit einer Umwandlung in Zellulose, die auch bald wieder aufgelöst wird.

Gerade in der Geschwindigkeit, mit welcher bei der Rotfäule des Holzes der Zerfall des Stammes vor sich geht, liegt die große Gefährlichkeit der Krankheit.

Außer diesen sich im Holzkörper zeigenden Vorgängen verdienen die Erscheinungen Beachtung, welche im Rindengewebe wahrgenommen werden. Von der Einbohrungsstelle der Mycelfäden aus verbreitet sich das Pilzgeflecht sowohl nach der Wurzelspitze, wie nach dem Stamme zu, ein Vorgang, der relativ langsam vonstatten geht. Die Rinde stirbt ab, die Wurzeln werden getötet und der Baum dadurch allmählich zum Absterben gebracht. Aus dem in der Rinde befindlichen Hyphengeflecht werden auch die nach außen hervortretenden Fruchtträger des Trametes gebildet. Bei Fichten erscheinen sie nur auf den Wurzeln, während sie bei Kiefern zumeist nahe der Bodenoberfläche am Wurzelstocke sichtbar werden. Diese Fruchtkörper, einzelne gelbweiße Polster, welche zu einer die Größe von $^1/_4$ bis $^1/_2$ Meter erreichenden welligen Schicht verschmelzen, sehen wie lappige Fladen aus, die stellenweise durchlöchert sind.

Ein naher Verwandter des Wurzelschwammes ist der Kiefernbaumschwamm (Trametes Pini Fr.). In erster Linie ist er ein Zerstörer des Holzkörpers, der das Bauminnere förmlich auszuhöhlen vermag. Wegen der eigenartigen Angriffsweise des Parasiten bezeichnet man die Krankheit auch als Rindschäle, Ringschäle oder Kernschäle.

Die Keimschläuche der Sporen dringen an Wundstellen in den Holzkörper ein. Das Mycel schreitet dann rasch nach Auflösung der Zellwände bis zum Kernholz vor, ohne dabei dem Splintholz schädlich zu werden. Die inneren Ringe verfärben sich rotbraun und infolge der Auflösung der Zellwände entstehen allenthalben Löcher, deren Wände mit weißem zunderartigen Mycel belegt sind. Mit der Zeit tritt dann völliger Zerfall der Holzelemente ein. Außerhalb der Rinde entwickeln sich aus den austretenden Mycelien braune Fruchtträger, denen die für Baumschwämme charakteristische Konsolenform (vgl. Fig. 40) eigen ist. Die Verbreitung des Pilzes ist eine sehr rasche. Die in den Fruchtträgern gebildeten Sporen weht der Wind fort, — und auf frischen Wundstellen gelangen sie leicht zur Keimung.

Einige durch Rostpilze an Nadelholzbäumen hervorgerufene Krankheitserscheinungen seien genannt. Zunächst der Kiefernblasenrost. Das Peridermium Pini Willd. erzeugt an Kiefernstämmen und Ästen blasenartige Auftreibungen von orangegelber Farbe, die aus der Rinde heraustreten. Durch Aufplatzen werden die im Innern der Gebilde erzeugten Sporen frei und der Wind verbreitet sie, so daß nur noch farblose Hüllen zurückbleiben. Das Eindringen der Sporen des Pilzes erfolgt in Wundstellen der Rinde, in welcher sich sein Mycel besonders rasch und kräftig ausbreitet. Dabei wachsen die Hyphen zwischen Rinden- und Bastzellen und den Markstrahlen. Sie vermögen aber auch in das Innere des Holzkörpers vorzudringen, wobei sie die Zellinhalte ähnlich wie der Hallimasch in Terpentin umwandeln. Derartig befallene Teile „verkienen" vollkommen, wodurch sie das Aufsteigen des Bodenwassers hindern. Hierin liegt gerade die große Gefährlichkeit des Rostes, denn allmählich werden durch die Ausbreitung des Pilzgeflechts immer weitere Teile der Verharzung zugeführt. An den befallenen Ästen werden immer weitere krebsähnliche Anschwellungen sichtbar, bis jene allmählich ringsum von exzentrisch gelagerten Gewebewucherungen umgeben sind. Damit ist solch ein Ast auch dem Tode überliefert. Insbesondere sind es Gipfelzweige, die dieser Krankheitserscheinung erliegen. — Beiläufig erwähnt sei noch, daß das Peridermium Pini an den Nadeln junger Kiefern einen Nadelrost verursacht. Hierbei treten orangegelbe Auftreibungen auf, in denen Sporen gebildet werden, welche durch Zerplatzen der ersteren frei werden. In den Nadeln vermag das Mycel zu überwintern und im nächsten Frühjahr dieselbe Äcidiumform wieder hervorzubringen. — Die Blasenrostsporen keimen gewöhnlich nicht wieder auf Kiefern aus. Zu ihrer Weiterentwicklung bedienen sie sich vielmehr anderer Wirte (Vincetoxicum officinale, Senecioarten), auf denen sich die Teleutogeneration bildet (Cronartium asclepiadeum Willd.).

Ein anderer wirtswechselnder Blasenrost kommt auf Weymouthskiefern vor (Peridermium Strobi Kleb.). An den Rinden von Ästen erzeugt sein Mycel langgestreckte Wucherungen, aus denen wiederum rotgelbe Blasen hervortreten. Die in ihnen gebildeten Sporen bilden auf den Blättern von Stachel- und Johannisbeersträuchern die Uredo- und Teleutoform des Pilzes (Cronartium ribicolum). In der Weymouthskiefer vermag das Mycel zu perennieren und im Frühsommer immer von neuem die Rostäcidien zu entwickeln (vgl. S. 91).

Auch die Kieferndrehkrankheit verdankt einem Rost (Caeoma pinitorquum A. Br.) ihre Entstehung. Zu Beginn der 70er Jahre des vorigen Jahrhunderts trat sie in Deutschland in jungen Kiefernschonungen verheerend auf. Eine besondere Gefahr für den Angriff des Pilzes liegt in der Verbreitung der bei uns so häufig angepflanzten Aspen. Auf der Oberhaut ihrer Blätter entwickeln sich nämlich die goldgelben Uredopolster und Teleutolager (Melampsora pinitorqua Rostr.), deren Cäomaform an den Maitrieben der Kiefern eigenartige Verkrümmungen hervorrufen. Wenn die jungen Triebe noch nicht fertig entwickelt sind, treten nach den Spitzen zu längliche gelbe, später rötlichgelbe Polster auf, die nach Aufplatzen der Rinde das Sporenpulver ausstäuben. Gleichzeitig mit dieser Rißbildung, welche mit Gewebewucherungen verknüpft ist, erfolgt starkes Harzen. Dadurch, daß an einem Triebe verschiedenseitig derartige Rißbildungen und Verbiegungen eintreten, erscheint das Aussehen der Triebe wie gedreht, davon rührt auch der Name der Erscheinung her. Auch bei dieser Krankheit vermag das Mycel in der Pflanze zu überwintern und alljährlich neue Äcidien hervorzubringen.

Eine andere Äcidienform an einem Nadelholzstamm verdient noch unsere Beachtung. Es ist das Aecidium elatinum Alb. et Schwein., welches an Weißtannen Krebsbeulen und Hexenbesen hervorruft. Die zugehörige Teleutosporenform bewohnt Stellaria- und Cerastiumarten (Melampsorella cerastii).

Die Infektion findet gewöhnlich an Wundstellen statt. Das Mycel des Pilzes, das ebenso wie bei den vorher beschriebenen Rosten zu perennieren vermag, dringt bis zum Kambium vor, in welchem es ein ungewöhnlich rasches und starkes Wachstum anregt. Infolge der kräftigeren Rindenausbildung und der gleichzeitig eintretenden krankhaften Entwicklung des Holzkörpers entstehen dann die beulenartigen Anschwellungen und Krebsstellen, welche gewaltige Dimensionen annehmen können. Begleitet sind diese Deformationen fast immer von Rißbildungen, welche das Eindringen von anderen Holzparasiten ermöglichen.

Die Hexenbesenbildungen nehmen gewöhnlich dann ihre Entstehung, wenn die Infektion in der Nähe von Knospen erfolgt ist. Der zum Hexenbesen umgebildete Zweig, welcher nach dem Austreiben entsteht, ist zumeist schon innerlich durch seinen Wuchs in der Richtung des Hauptsprosses kenntlich. In seiner Rinde wuchert das Pilzmycel, welches auch die Nadeln deformiert. Sie werden kleiner als sonst und enthalten nur wenig Chlorophyll. Ihre Farbe ist daher gelblich. Im Spätsommer entwickeln sich auf ihrer Unterseite zwei Ränder rostgelber Äcidien, deren Sporenpulver nicht viel später ausgestreut wird. Die Nadeln fallen darauf bald ab. Da das überwinterte Mycel im nächsten Jahre von neuem in die jungen Triebe hineinwandert, kommt es immer wieder zu den beschriebenen Mißbildungen.

Der Schaden, den der Schmarotzer den Weißtannen zufügt, ist um so schwerer, insofern, als die Frostgefahr gesteigert und der Ansiedlung von Pilzen und Insekten an den erkrankten Teilen Tor und Tür geöffnet wird.

Eine der gefährlichsten Krankheiten unserer Lärchenbestände ist der Lärchenkrebspilz (Peziza Willkommii R. H.), dessen Becherchen wir an rissigen Stellen der Rinde mitunter in größeren Mengen vorfinden. Auch bei dieser Krankheit können die Sporen nur an Wundstellen der Wirte Eingang finden und auch dann nur, wenn genügend Feuchtigkeit zur Keimung vorhanden ist. Das sehr kräftige Mycel durchwuchert lebhaft das Rindengewebe und dringt mitunter in den Holzkörper ein, wo es bis zur Markröhre vorrückt. Die so entstandene Störung der Saftleitung des Baumes verursacht natürlich großen Schaden. Gegen den Parasiten sucht sich die Pflanze während der Vegetationszeit durch Absonderung einer auffällig starken Korkschicht zwischen gesundem und krankem Gewebe zu schützen. Durch die Ausbildung dieser Trennungsschicht wird aber die außen aufsitzende Rindenschicht an der Krebsstelle zum Platzen gebracht und dadurch Harzausfluß aus dem Innern ermöglicht. Schon im Herbst findet wiederum eine Vergrößerung der Krebsstellen statt, weil das Pilzgeflecht von neuem vom Kambium aus in die Rinde eindringt. Mitunter haben die Lärchen jahrelang mit dem Parasiten zu kämpfen. Die Folge davon ist, daß die Bäume allmählich verkümmern.

Für die Verbreitung des Pilzes ist ein Umstand sehr wesentlich, nämlich, daß das Reifen der Becherfrüchtchen nur bei feuchter Witterung stattfinden kann. Ohne dieselbe gehen die noch in den Früchten befindlichen, bereits reifen Sporen vorzeitig zugrunde.

Bei einer anderen Pilzerkrankung zeigt sich gleichfalls ganz besonders, wie abhängig von ungewöhnlichen Witterungsverhältnissen das Entstehen von Pilzepidemien ist.

Während man früher das Cenangium Abietis Duby als einen gelegentlichen, harmloseren Parasiten kannte, wurden zuerst im Jahre 1892 in nahezu 200 preußischen Oberförstereien Massenerkrankungen in jungen Kiefernanpflanzungen festgestellt. In einer Untersuchung von Frank-Schwarz finden sich die verschiedenen den Krankheitsverlauf berührenden Erscheinungen und der Verlauf der Epidemie beschrieben. Insbesondere sind es die Triebe junger Kiefern, welche von den Spitzen aus zum Absterben gezwungen werden. Von den Knospen aus schreitet die Infektion immer weiter abwärts, sie ergreift vom Grunde aus die Nadeln, die auch eingehen. Das Rindengewebe wird allmählich zerstört, und die anstoßenden Kambialstellen, sowie Markstrahlen und Mark erscheinen gebräunt. Die Pilzfrüchtchen treten in Gestalt schwarzbrauner Höcker und Polster aus Blattnarben und Rinde hervor. Reifung und Ausschleuderung der Sporen tritt gewöhnlich erst an den am Boden liegenden abgefallenen Pflanzenteilen ein, da dort die Feuchtigkeit am ausreichendsten ist.

Unter den Nadelpilzen spielen außer dem bereits erwähnten Kieferblasenroste noch eine Reihe anderer Roste eine große Rolle. Sie sollen hier, wegen ihrer großen Ähnlichkeit mit dem beschriebenen, nur beiläufig erwähnt werden. Die Fichtennadeln beherbergen auch einen Blasenrost (Aecidium abietinum Alb. et Schw.), der seine Teleutogeneration auf Rhododendron (Alpenrosen) entwickelt. Ferner treten an Fichtennadeln junger Triebe gelbliche Flecke auf, an welchen die orangegelben Rostpolster im Spätsommer in Längsstreifen bemerkt werden. Diese Krankheit, hervorgerufen durch den Nadelrost Chrysomyxa Abietis Wallr., hat man auch die Gelbfleckigkeit der Fichtennadeln genannt.

Fig. 42. Kiefernnadeln, schüttekrank, mit den Lagern von Lophodermium pinastri.

Ein anderer Nadelrost, der mit Vorliebe Weißtannennadeln zum Abfallen bringt, ist der Weißtannensäulenrost (Aecidium columnare Alb. et Sch.). Er steht mit einer auf Preiselbeeren vorkommenden Melampsora in Wirtswechsel.

Unter anderen Nadelpilzen sind vornehmlich Mitglieder der Gruppe der Hysteriaceen bekannte Krankheitserreger, sie rufen Ritzenschorf- und Schüttekrankheiten hervor. An erster Stelle sei das Hysterium (Lophodermium) pinastri Schrad. erwähnt, wohl die gefährlichste Jugenderkrankung von Kiefern (Fig. 42). Zunächst äußert sich die Erscheinung in rötlichbraunen Flecken, die im Herbst auf den Nadeln und ihren jungen Entwicklungszuständen auftreten. Mit Hilfe des Mikroskopes können wir in ihnen das Mycel des Lophodermiums wahrnehmen. Noch im selben Herbst entwickeln sich die schwärzlichen Spermogonien an den erkrankten Nadeln. Im darauf folgenden Frühjahr werden die Nadeln plötzlich rot, eine Korkschicht sondert sie am Rande von den Trieben ab und sie fallen zu Boden, oder wie der Forstwirt sagt: die Pflanze schüttet. Besonderen Aufschluß über diese Krankheit gewähren die interessanten Untersuchungen v. Tubeufs.

Der an den Fichten auftretende Ritzenschorf wird durch das Hysterium (Lophodermium) macrosporum R. Htg. verursacht. Während die Art des Befalls und das Abfallen der Nadeln große Ähnlichkeit mit der Kiefernschütte zeigt, werden hier insbesondere ältere, 15—30jährige Bestände ergriffen. Der letzteren Krankheit sehr ähnlich ist auch der Weißtannen-Ritzenschorf (Hysterium, Lophodermium nervisequium D. C.), der sowohl an zweijährigen als auch älteren Nadeln gefunden wird. Trotz der allgemeinen Verbreitung des Parasiten ist der Schaden, den er anrichtet, nur sehr gering.

Auch die Lärche hat ihren Schüttepilz (Sphaerella laricina Hess.), der besonders in feuchten Jahren Lärchenbeständen jeden Alters gefährlich werden kann.

Unter den Zapfenpilzen ist ein Rost, das Aecidium strobilinum Alb. et Schw., bemerkenswert, das auf der Innenseite von Fichtenzapfenschuppen beobachtet wird. Bereits die noch jungen grünen Schuppen werden von dem Mycel des Pilzes ergriffen und getötet. Die Verbreitung der Krankheit ist allgemein. Der die Teleutosporenform beherbergende Wirt des Aecidium ist Prunus Padus (Pucciniastrum Padi).

Zu den gefährlichsten Feinden der forstlichen Nadelhölzer müssen wir die Insekten rechnen. Das Interesse, welches uns diese Schädlinge abnötigen, liegt vor allem auf wirtschaftlichem Gebiete, denn einzelnen der später hier aufgeführten Tierarten können infolge ihres epidemischen Auftretens in kurzer Zeit ganze Waldungen zum Opfer fallen.

Da die Art der Beschädigungen zumeist im Abfressen oder irgend einer anderen direkt tötenden Tätigkeit, wie Durchbohren oder Abschälen verschiedener Baumteile, besteht, dagegen wenig beachtenswerte Änderungen im Wachstum oder in der Entwicklung der Gewebe des Pflanzenkörpers zutage treten, begnügen wir uns mit einer kurzen Aufzählung der wichtigsten Schädiger.

Insbesondere Schmetterlinge und Käfer müssen hier genannt werden. Unter den ersteren sind verschiedene Spinner gefährliche Feinde unserer Nadelwälder. Ein dem Eichenprozessionsspinner (vgl. S. 123) nahe verwandter Schmetterling, der Kiefernprozessionsspinner (Cnethocampa pinivora Tr.), richtet an Kiefern durch Raupenfraß großen Schaden an. Doch ist derselbe lange nicht so bedeutend, als der durch den Kiefernspinner (Bombyx Pini L.) verursachte. Dieser Schädling, dessen Raupen Kahlfraß herbeiführen, ist als Bestandsverderber bekannt. Ebenso verrufen ist die Nonne (Liparis monacha L.), welche die verschiedensten forstlichen Laub- und Nadelhölzer, vor allem die Fichte, durch das verheerende Treiben ihrer Raupen beschädigt. Unter den Eulen seien der Kiefernbestandsverderber (Noctua griseovariegata Götze) und unter den Spannern der Kiefernspanner (Geometra piniaria L. u. G. liturata Cl.) als Kahlfraß hervorrufende, schwere Kiefernschädiger genannt.

Auch unter den Wicklern sind einige der Gattung Grapholitha angehörige Insekten ungern gesehene Gäste der Forsthölzer. An Kiefernknotentrieben ruft einer derselben eigentümliche kugelige Nadelbüschel hervor. Andere wieder erzeugen an Kiefernzweigen Harzgallen, welche über 3 cm Größe erreichen.

Zu den Gallenbildnern an Nadelhölzern gehört auch eine Gruppe von Blattläusen, die Chermesarten (Knospengallen und andere Triebdeformationen). Auch die **Gallmücken** (Cecidomyia) rufen ähnliche Erscheinungen hervor.

Unter schädlichen Käfern unserer Gehölze spielen die **Borkenkäfer** (Scolytidae) eine große Rolle. Die befruchteten Weibchen derselben fressen unter der Rinde breite Gänge (Muttergang) und nagen auf beiden Seiten derselben Gruben, in welche sie je ein Ei ablegen. Sobald die Larven aus den Eiern ausgekommen sind, nagen auch jene Gänge (Larvengänge), welche mit dem Muttergang in einer Ebene liegen, so daß wir ein Bild erhalten, wie es Fig. 43 zeigt. Nach der Art der einzelnen Schädlinge zeigen die Brutgänge ein verschiedenes Aussehen. —

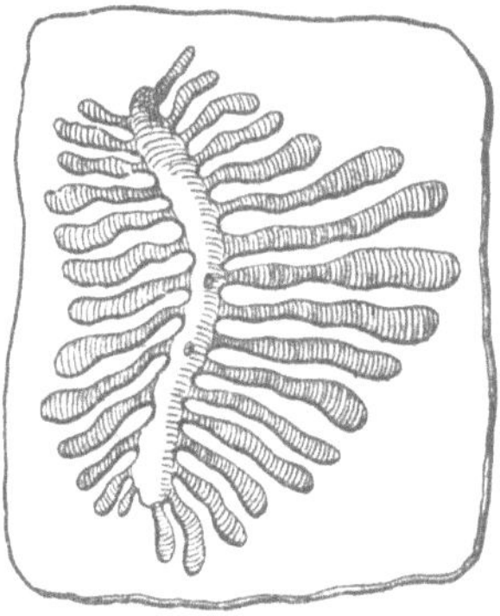

Fig. 43.
Mutter- und Seitengänge, hervorgerufen durch Borkenkäfer (Schema).

Die durch anorganische Einflüsse hervorgerufenen Krankheiten sind im allgemeinen dieselben, die wir in unseren Kapiteln über Garten- und Obstbäume beschrieben haben. Einer Erscheinung sei hier jedoch besonders gedacht.

Außer der Seite 134 erwähnten Pilzschütte unterscheidet R. Heß noch die **Frostschütte** und die **Vertrocknungsschütte**. Unter der Frostschütte versteht der erwähnte Gelehrte eine Erscheinung, welche „auf wiederholte Erkältungen der Pflanzen durch Wärmestrahlung der Bodenoberfläche bei nicht überschirmtem und schneefreiem Boden zurückgeführt" wird. Besonders die Früh- oder Herbstfröste rufen das „Schütten" der Nadeln hervor. Hierbei ist zu bemerken, daß ein großer Kontrast von nächtlicher Kälte und Erwärmung am Tage für den pflanzlichen Organismus am gefährlichsten ist. In der Regel nach naßkalten Sommern, in denen eine normale Verholzung der Triebe nicht stattfindet, wird sich die Frostschütte besonders zeigen. Wie bei der Pilzschütte kennzeichnet sich die Erscheinung durch Rotfärbung der Nadeln vor dem Abfallen.

Die Vertrocknungsschütte ist eine der Sommerdürre verwandte Erscheinung. Bei letzterer vertrocknen die Blätter resp. Nadeln deshalb, weil bei der gesteigerten Transpiration infolge zu großer Hitze der Nachschub des Wassers aus dem Boden nicht ausreicht. Dagegen findet bei der Vertrocknungsschütte der Blattod wohl auch bei hoher Temperatur, aber bei genügender Bodenfeuchtigkeit statt. Hierbei ist weniger die (ausreichende) Wurzeltätigkeit zum Aufsaugen des Wassers im Spiele, vielmehr steht die Erscheinung mit allzu großer Bodenkälte im Zusammenhang.

Die ökonomische Bedeutung eines geregelten Wald- und Forstschutzes gegenüber den einzelnen schädigenden Einflüssen, von denen einige Verderber ganzer Waldbestände sind, leuchtet ohne weiteres ein, wenn wir ermessen, daß Europa eine Gesamtwaldfläche von über 300 Millionen Hektar besitzt, wovon auf Deutschland ungefähr 14 Millionen Hektar kommen. Speziell die Kiefer, unser erstes Gebrauchsholz, deren Beschädigungen wir am eingehendsten behandelt haben, nimmt fast die Hälfte (über 44 %) der gesamten deutschen Waldfläche ein. Allein in der Provinz Brandenburg hat der Kiefernwald eine Ausdehnung von 1 332 000 Hektar!

IV. Pflanzenheilkunde.

Bereits im Altertum hat man versucht, zur Bekämpfung von Pflanzenkrankheiten Einrichtungen verschiedener Art zu treffen. Die Lektüre der alten Klassiker, welche über Ackerbau geschrieben haben, zeigt dies zur Genüge. — Ja nicht nur gegen akute Krankheitsfälle suchten sich die alten Kulturvölker zu schützen, vielmehr ergriffen sie sogar schon weitschauende vorbeugende Maßnahmen gegen die Schädigungen der Gewächse. So ist beispielsweise überliefert, daß zur Erzielung eines kräftigeren Wuchses das Unterpflügen mit gewissen Leguminosen im Altertum bereits in verschiedenen Ländern verbreitet war.

Da aber die wichtigsten Ursachen pathologischer Erscheinungen bis um die Mitte des vorigen Jahrhunderts zumeist noch nicht genau bekannt waren, konnte sich die Therapie immerhin nur auf rein empirische Erfahrungen stützen. Und wie noch heute die menschliche Medizin in vielen Fällen auf eine derartige Bekämpfungsweise angewiesen ist, so ergeht es auch dem Pflanzenschutz. Reichen doch selbst noch in diesen Tagen unsere Kenntnisse nicht aus, die heilwirkende (d. h. pilztötende) Natur der im Pflanzenschutz fast zum Universalmittel erhobenen Mischung, der Kupferkalkbrühe, sicher zu erklären. Immerhin werden mit den aus der Erfahrung gewonnenen Bekämpfungsmaßnahmen große Erfolge erzielt. —

Die Kenntnis der einzelnen Krankheitsbilder lehrt uns, daß in vielen Fällen eine in akutem Zustande befindliche Krankheitserscheinung weder durch chirurgische Eingriffe, noch durch chemische Mittel bekämpft werden kann. Diese Erfahrung hat daher zur Schaffung einer „Hygiene der Pflanzen" geführt. Auf die Ausbildung jenes Wissens=

zweiges hat vor allem Sorauer hingewiesen. Einige ihrer Grundlagen seien hier besprochen:

Der Pflanzenzüchter weiß längst, daß er einem jeden Gewächs geeignete Standortsverhältnisse, überhaupt die für das Gedeihen der speziellen Pflanze günstigsten Vegetationsbedingungen bieten muß; daß er ferner nur solche Pflanzensorten auf seinem Boden und in dem betreffenden Klima anbauen darf, welche organischen wie anorganischen Einflüssen den bestmöglichsten Widerstand entgegenzusetzen vermögen. Zur Saat darf er ferner nur gesundes und reines Samenmaterial verwenden, denn wie leicht kann es sonst kommen, daß er den oder jenen noch vom Vorjahre herstammenden Schädling oder einen Unkrautsamen auf sein Feld mit überträgt.

Ebenso wichtig ist es, daß zur Vermeidung der verschiedensten Infektionskrankheiten und anderen Schwächungen der Saatpflanzen ein zweckmäßiger Fruchtwechsel auf dem Felde in Anwendung kommt. Zu diesen krankheitvorbeugenden Bestrebungen gehört ferner auch die Vernichtung wildwachsender Pflanzen, auf denen Schmarotzer wohnen, die auch auf Kulturgewächse übergehen. Erinnert sei hierbei besonders an die in früheren Kapiteln vielfach erwähnten wirtwechselnden Rostpilze.

Wer sich noch eingehender über andere, ähnliche, den Pflanzenbauer speziell interessierende Maßnahmen unterrichten will, findet in Nr. 232 der „Sammlung Göschen“ [1]) weiteren Aufschluß. Hier soll nur noch darauf hingewiesen werden, daß auch das als Saatgut zu verwendende Material besonders geeigneter Räume bedarf, die es vor dem Befall durch Schädlinge schützen müssen, welche bei warmer und feuchter Luft leicht zur Entwicklung gelangen. Außer auf zweck-

[1]) Rippert und Langenbeck, Ackerbau- und Pflanzenlehre, Kapitel V und VI.

mäßige, für die Konservierung von Feldfrüchten geeignete Keller sei hier auf die in neuerer Zeit mit größtem Erfolge angewandten Mieten hingewiesen, das sind auf planiertem Boden des Feldes angebrachte, besonders eingerichtete Vorrichtungen, bei welchem zum Überdecken der Feldfrüchte Stroh- und Erdschichten Verwendung finden. — Im folgenden sollen noch einige Beispiele aus der großen Zahl der gegen atmosphärische Einflüsse angewandten Vorbeugungsmittel herausgegriffen werden.

Bei Besprechung der Obst- und Weinbau empfindlichen Schäden gedachten wir besonders eingehend der Frostwirkungen. Sehr verschiedener Natur sind die Mittel zu ihrer Bekämpfung. Einmal kommen die verschiedensten Materialien zum Bedecken der im Freien Frösten am meisten ausgesetzten Pflanzen in Anwendung. Laub, Reisig, Moos, auch Stroh und Decken dienen hierbei als schlechte Wärmeleiter.

In vielen Fällen, so bei Anlage junger Saatkämpe, empfiehlt sich die Herstellung eines Waldmantels (aus Fichten oder Kiefern) an nordöstlichen, östlichen und südöstlichen Bestandsrändern, insbesondere an Stellen, wo kalte Wiesengründe anstoßen (R. Heß, Forstschutz usw.).

Als besonders wirksam gegen Frostschäden gelten Rauchfeuer (Schmauchfeuer). Ihrer bedient man sich vornehmlich in Weinkulturen und in Obstplantagen. Wenn eine Frostnacht in Aussicht steht, umstellt man die zu schützenden Felder in mäßigen Entfernungen (zirka 15 m) mit Haufen von Brennmaterial oder füllt flache Blechkessel mit Gasteer und Sägemehl (oder Stroh und Reisig) an. Nachdem das Brennmaterial auf der Windseite angezündet ist, entwickelt sich über dem betreffenden Gelände ein schwarzer dichter Rauch, der stundenlang in Ruhe verharrt. Eine derartige Rauchumhüllung hat dann infolge der Verminderung der Ausstrahlung die Wirkung einer Wolke. In neuerer Zeit werden vorzüglich „Frostfackeln“ zur Erzeugung des Rauches empfohlen, welche von Lemström erfunden worden sind. Dieselben bestehen aus Kegeln von gepreßtem Torf, welche der Länge nach von einem Kanal durchzogen sind. Die Torfmasse selbst ist mit raucherzeugenden Stoffen imprägniert.

Ebenso wie gegen Fröste gibt es Mittel gegen andere Naturerscheinungen. Erwähnen wollen wir noch eine von alters her in den Küstenländern im Gebrauch befindliche Einrichtung gegen Wind und Stürme. Es sind dies die sogenannten „Windknicks“, Strauchwerke, welche Freilandkulturen zum Schutze dienen. —

Außer vorbeugenden Maßnahmen hat sich der Pflanzenschutz damit befaßt, mit Hilfe direkter Vertilgungsmittel die tierischen und pflanzlichen Feinde resp. deren Vermehrungsformen zu töten. Was gewisse Tiere anbelangt, kommen hierbei verschiedene mechanische Mittel in Anwendung, welche in sinnreichen Einrichtungen zur Anlockung und Vernichtung der Organismen bestehen.

Weiterhin werden chemische Bekämpfungsmittel benutzt, welche wir, je nachdem sie sich gegen pilzliche oder tierische Schädlinge richten, Fungicide oder Insekticide benennen. Ihre Aufgabe ist es, die Schädiger zum Absterben zu bringen, ohne dabei den erkrankten Wirtspflanzen zu schaden.

1. Mechanische Mittel.

Zur Anlockung verschiedener nächtlich fliegender Insekten und Schmetterlinge, wie beispielsweise verschiedener Eulenarten (Wintersaateule), hat man sogenannte Fanglampen (Fanglaternen) konstruiert. Auf $1^1/_2$ m hohen Holzgestellen, welche sowohl auf dem Felde als auch in Weingärten aufgestellt werden, bringt man helleuchtende Lampen an, welche während der ganzen Nacht zu brennen imstande sind. Unter den etwas schiefstehenden Glaswänden der Laterne laufen Kästen, die gewöhnlich mit verdünnter Melasse angefüllt werden. Die dem Lichtschein zuströmenden Schmetterlinge gleiten, sobald sie an die Glaswände anprallen, an denselben ab und fallen in die Melassekästen, in denen sie ihren Tod finden.

In anderer Weise begegnet man Insekten, indem man ihnen auf ihren Wanderungen Hindernisse und Fallen in den Weg legt. Für Käfer und Raupen werden insbesondere Fanggräben, für die Maulwurfsgrille Fanglöcher empfohlen, in welchen die Tiere umkommen.

Ein besonderes Vernichtungsmittel gegen die gefährlichen Raupen von Kiefernspinner, Nonne und Frostspanner und verschiedenen flügellosen Käfern besteht in den sogenannten Leim- oder Klebringen. Dieselben haben den Zweck, die vom Boden her an der Rinde emporkriechenden Tiere abzufangen, um ihnen den Weg zur Krone zu versperren. Als Klebmittel benutzt man besonderen „Raupenleim", der bei älteren Hölzern direkt auf die Rinde, bei jüngeren auf einen festgebundenen Papiergürtel gestrichen wird.

Einen ähnlichen Zweck verfolgen auch Reisigwälle, welche, mit Leimsubstanz bestrichen, wandernde Raupen aufnehmen.

Gegenüber Nematoden, welche den Ackerboden auf weite Flächen hin verseuchen, und auch gegen schädliche Fliegen wendet man Aussaaten von Fangpflanzen an. Dieselben werden zu der Zeit, in welcher der Schädling sein Fortpflanzungsgeschäft an seinen Nährwirten verrichten muß, angepflanzt. Sobald sich der Parasit in größeren Massen auf diesen als Fangobjekt dienenden Pflanzen angesammelt hat, werden sie zerstört, und die Aussaat kann beginnen.

Weitere Fangeinrichtungen, wie Fanggürtel verschiedener Art, Fangwagen, Klebefächer usw., seien hier nur erwähnt. Sie alle verfolgen denselben Zweck, auf einer Klebsubstanz die Tiere einzufangen.

Ein bewährtes Mittel ist auch einfaches Abklopfen von Insekten, die sich auf Bäumen und Sträuchern befinden. Zum Auffangen des Getiers empfehlen sich große flache Blechtrichter, sogenannte „*Fangtrichter*“, oder untergehaltene Schirme.

2. Chemische Mittel.

Zum Aufspritzen und Ausstäuben der nachbenannten Mischungen, Lösungen und Pulver bedient man sich sehr verschieden konstruierter Spritzen und Ausstäuber. Und zwar sind dieselben so gebaut, daß sie je nach Bedarf in der Hand oder auf dem Rücken getragen oder im Wagen auf das Feld gefahren werden können.

a) Insekticide.

Unter diesen spielen insbesondere Fette, sowohl tierischer wie pflanzlicher Natur, welche in Form von Emulsionen oder Seifen Verwendung finden, eine bedeutende Rolle. In gleicher Weise benutzt man auch das Terpentinöl und das Petroleum. Unter den Insekticiden, welche pflanzlichen Stoffen ihre Herkunft verdanken, erwähnen wir das Insektenpulver, Tabaklaugen und -Pulver, sowie die Quassiabrühe usw. als die wichtigsten Mittel. Wir werden im einzelnen noch auf dieselben zurückkommen.

Bereits einfaches Aufspritzen von *Wasser* hat für Blattläuse gefährliche Wirkungen. Ebenso verwendet man *heiße Luft* dazu, um aus getrockneten Pflanzenorganen verschiedene in Leguminosensamen auftretende Käfer, ferner auch die Kornwürmer und andere Insekten abzutöten. Die Erhitzung der pflanzlichen Objekte (es ist selbstverständlich, daß es sich hierbei vorzüglich um Samen und Früchte handelt) darf aber eine Temperatur von 60° nicht überschreiten, da sonst bei den meisten Samen die Keimfähigkeit erlischt.

Unter den Schwefelverbindungen sind der Schwefelkohlenstoff und das Schwefelkalzium wichtige Insekticide.

Über die Bedeutung des Schwefelkohlenstoffs als Reblausbekämpfungsmittel haben wir bereits S. 111 gesprochen. Der Umstand, daß in dem einen Jahre 1902 allein in Preußen 222225 qm zur Vernichtung der Reblaus mit Schwefelkohlenstoff durchtränkt wurden, möge die Güte des Mittels beweisen. Weitere Anwendung findet dieser Stoff auch zur Vernichtung im Boden lebender Larven (Engerlinge) und einzelner in Bäumen lebender Holzinsekten, in deren Bohrgänge das Mittel geträufelt wird. Auch Korn- und Samenkäfer können mit ihm abgetötet werden.

Mit Hilfe eines besonderen Spritzapparates verwendet man zur Bekämpfung von Milben, Milbenspinnern und Schildläusen Brühen, welche eine Mischung von Schwefelkalzium mit Kalk oder mit Schmierseife enthalten.

Eine andere gegen Insekten sehr wirksame Mischung ist die Schweinfurtergrünbrühe. Dieselbe wird hergestellt aus Schweinfurtergrün mit Wasser, dem aus Ätzkalk hergestellte Kalkmilch zugesetzt wird.

Gegen die Nonne hat man u. a. das Antinonin, eine Orthodinitrokresolkalium-Verbindung, empfohlen, jedoch wird seine Wirksamkeit vielfach bestritten. Weitere Vertilgungsstoffe gegen schädliche Insekten, insbesondere gegen Blattläuse und unbehaarte Raupen, liefern Abkochungen verschiedener Bittermittel. Unter ihnen werden als besonders wirksam Quassia, Aloe, Holunderblüten, Wermut und Tabak empfohlen. Die Quassiaabkochung, welche aus Quassiaspänen hergestellt wird, kommt mit einer Kernseifenbrühe in den Spritzapparat.

Den Tabak kann man auch als Pulver zur Bekämpfung verwenden. Man bedient sich dann derselben Ausstäuber, wie sie zum Ausstreuen mit Schwefelpulver gebraucht werden (S. 149). In flüssiger Form kann man entweder Tabakabkochungen zum Aufspritzen auf Pflanzenteile anwenden, oder aber man bedient sich sogenannter Tabak-Petroleumemulsionen (Mischungen von Tabakextrakt mit Petroleumemulsion).

Auch Petroleum allein ist ein bekanntes Insekticid. Rein kann man es aber nur auf Stämme und Äste mit kräftiger Rinde bringen, denn zartere Pflanzenteile würden bei dieser Behandlung selbst zugrunde gehen. Auf sie spritzt man entweder Mischungen von Petroleum mit Wasser oder mit Seifenbrühe aus, zu deren Gebrauch besondere Spritzen konstruiert worden sind. Auch Insektenpulver, für kleinere Objekte in Pulverform, für größere in bestimmten Seifenmischungen, gilt als gutes Mittel gegen Pflanzenschädlinge, insbesondere gegen den Traubenwickler.

Gegen Blutläuse werden besondere Mischungen empfohlen, so die Fuhrmannsche Flüssigkeit (Pferdefett, Schmiertran, Spiritus, Kochsalz), die Neßlerschen Flüssigkeiten (entweder Schmierseifenlauge, Fuselöl und Weingeist oder Schmierseifenlauge, Fuselöl und Karbolsäure) und die Göldsche Tinktur (Terpentin in Terpentinöl gelöst, Schwefelkohlenstoff und Süßmilch), welche man mit einem Pinsel den von Blutlauskolonien besetzten Stellen aufstreichen kann.

b) Fungicide.

Um Getreidesaatgut von anfliegenden Pilzsporen, vorzüglich Brandsporen, rein zu halten, kommt mit Erfolg Behandlung mit heißem Wasser in Anwendung. Man verfährt dabei in der Weise, daß man das Saatgut in Behälter schüttet, welche Wasser in einer Temperatur von 52 bis 56° C enthalten. Nach einer 10 bis 15 Minuten dauernden Einwirkung des heißen Wassers breitet man dann die Getreidekörner in dünnen Schichten zum Trocknen aus.

Dieselbe Wirkung kann man auch durch Behandlung mit heißer Luft erzielen. Hierbei bringt man die Saatkörner am besten einige Stunden lang in eine Temperatur von 50 bis 60°. Ein geeigneter Apparat für dieses Verfahren ist gewiß der Backofen.

Als wichtigste chemische Mittel zur Bekämpfung von Pilzen werden Kupferverbindungen und Schwefel verwendet.

Daß das Kupfer eins der gefährlichsten Pflanzengifte ist, ist den Botanikern seit langem bekannt. Die geringen Spuren Kupfers, welche sich in Wasserleitungshähnen aus Messing ansammeln, genügen bereits, um Algen zum Absterben zu bringen.

Zum Beizen von Saatkörnern bedient man sich des Kupfervitriols in wässerigen Lösungen. Die bekanntesten Methoden zur Herstellung derselben haben Julius Kühn und Linhart angegeben. Man kann sowohl nur Kupfervitriollösung als auch solche mit einer Nachbehandlung mittels Kalkmilch verwerten.

Das bekannteste und verbreitetste Fungicid ist die Kupfervitriolkalkbrühe, die auch den Namen Bordelaiser- oder Bordeauxbrühe führt. Sie ist eine Mischung von Kupfervitriollösung und Kalkmilch, welche getrennt hergestellt, aber gleichzeitig, unter Umrühren, in ein Gefäß zusammengeschüttet werden. Eine richtig hergestellte Mischung muß dunkelblaue Färbung besitzen. Ihrer Zusammensetzung nach besteht sie aus einer Lösung und einem Niederschlag. Der letztere ist unlösliches basisches Kupfer, die erstere besteht aus schwefelsaurem Kalk. Zur Anfertigung von 100

Liter einer 1prozentigen Brühe benützt man 1 kg Kupfervitriol auf 50 Liter Wasser und 1 kg Kalk auf 50 Liter Wasser, zu einer 2prozentigen Brühe je 2 kg Kupfervitriol und Kalk, zu einer $^1/_2$prozentigen Brühe je $^1/_2$ kg Kupfervitriol und Kalk.

Die Zahl der Apparate, welche zur Ausspritzung der Brühe in Anwendung kommen, ist sehr groß. Unsere Fig. 44 stellt eine einfach gebaute, auf dem Rücken tragbare Spritze dar, welche zur Verteilung der Brühe auf Weinstöcke in

Fig. 44. Einfachgebaute Rebspritze.

Anwendung kommt. Füllöffnung und Auslaßöffnung sind in der Abbildung deutlich zu erkennen. (Ausdrücklich sei hervorgehoben, daß wir hier die genaue Schilderung der Mittel und Apparate, wie sie im einzelnen zur Bekämpfung bestimmter Pflanzenkrankheiten im Gebrauch sind, nicht als Aufgabe unseres Bändchens betrachten.)

Die Bordeauxbrühe ist lediglich ein Vorbeugemittel. Ihre Wirkung ist noch nicht genau aufgeklärt. Nach neueren Untersuchungen Ruhlands werden durch die sich zur Keimung anschickenden Pilzsporen gewisse Stoffe ausgeschieden, die den Niederschlag des giftigen Kupferoxydhydrats zu lösen vermögen. Durch Aufnahme dieses Giftstoffes erliegen danach die Pilzkeime.

von Tubeuf hat ein Verfahren empfohlen, welches zur Beizung von Getreidesaatgut mit Erfolg verwertet wird. Man nennt es das Bekrustungsverfahren. Die gut gereinigten Saatkörner werden in einen Weidenkorb gebracht und hierauf in einem mit 2prozentiger Bordelaiser Brühe gefüllten Gefäß untergetaucht. Die hierdurch vollkommen blau überzogenen Körner werden später getrocknet.

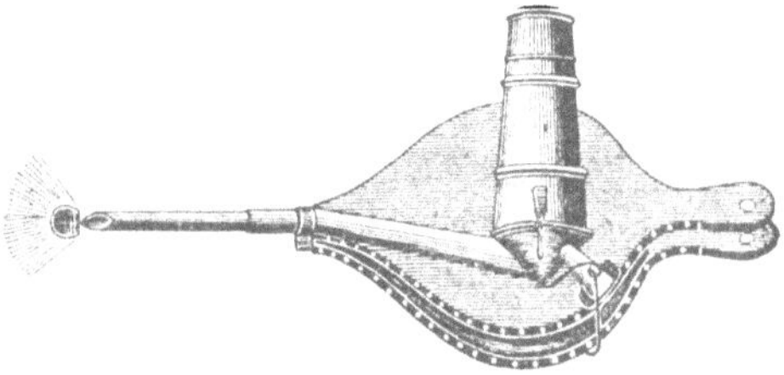

Fig. 45. Schwefelblasebalg.

Mischungen von Kupfervitriollösung mit Soda, sowie solche von Kupferkarbonat mit Ammoniak kommen als Kupfervitriolsodabrühe resp. Kupferkarbonatammoniakbrühe in derselben Weise wie die Bordeauxmischung in Anwendung.

Ein weiteres Mittel, das ausgedehnte Verbreitung findet, ist gepulverter Schwefel. Seine Eigenschaft, in der Wärme an der Luft schweflige Säure zu bilden, macht ihn zum ausgezeichneten Fungicid. Insbesondere gegen die Meltaupilze, welche den Blättern und anderen grünen Pflanzenteilen oberflächlich aufliegen, wird er, wenn er in recht feinem Puder aufgestäubt ist, mit Erfolg gebraucht. Zum Ausstäuben des Schwefelpulvers dienen Blasebälge, welche mit einem Gefäß verbunden sind, in das die auszustäubende Masse eingelassen wird (vgl. Fig. 45).

Als Vorbeugungsmittel gegen verschiedene Weinkrankheiten (Schwarzer Brenner, Gelbsucht) bedient man sich auch wässeriger Eisenvitriollösungen.

Als Saatbeizmittel, insbesondere gegen Brandsporen, verwendet man verdünnte Lösungen von Formaldehyd (Formalin).

Die einfachste Bekämpfung kranker Organe von Bäumen und Sträuchern besteht in der Anwendung chirurgischer Eingriffe. Dieselben werden aber nur dann von Erfolg gekrönt sein, wenn dem betreffenden Schädling, dem man vorbeugen will, nicht die Möglichkeit geboten ist, unsichtbar unter der Rinde oder im Holzkörper zu überwintern.

Ist dies nicht der Fall, so schneidet man die erkrankten Teile ab und entfernt sie.

Es empfiehlt sich, zur Verhinderung von Schädlingsansiedlungen die Schnittwunden mit Steinkohlenteer oder Baumwachs gut zu verschließen.

Register.

Kolibri 360 GmbH
Ferdinand-Jühlke-Straße 7
99095 Erfurt, Deutschland
produktsicherheit@kolibri360.de